U0333841

我与大自然的奇妙相遇

—追踪鸟类—

关翔宇 著
杨小婷 绘

人民文学出版社
天天出版社

图书在版编目（CIP）数据

我与大自然的奇妙相遇. 追踪鸟类 / 关翔宇著；杨小婷绘.
-- 北京：天天出版社, 2018.12（2023.6重印）
ISBN 978-7-5016-1355-7

Ⅰ. ①我… Ⅱ. ①关… ②杨… Ⅲ. ①自然科学 - 普及读物②鸟类 - 普及读物
Ⅳ. ①N49②Q959.7-49

中国版本图书馆CIP数据核字(2018)第110459号

责任编辑：刘　馨　　**美术编辑：**丁　妮
责任印制：康远超　张　璞

出版发行：天天出版社有限责任公司
地址：北京市东城区东中街 42 号　　**邮编：**100027
市场部：010-64169902　　**传真：**010-64169902
网址：http://www.tiantianpublishing.com
邮箱：tiantiancbs@163.com

印刷：北京利丰雅高长城印刷有限公司　　**经销：**全国新华书店等
开本：880 × 660　1/16　　**印张：**9
版次：2018 年 12 月北京第 1 版　　**印次：**2023 年 6 月第 5 次印刷
字数：91 千字

书号：978-7-5016-1355-7　　**定价：**38.00 元

目录 Contents

前　言

说起鸟类你会想到什么？是香气四溢的烤鸭、天空中飞翔的鸽子，还是早晨将你从睡梦里叫醒的公鸡？这大概就是日常生活中多数人对于鸟的认识。不过，鸟类的魅力绝不仅于此。近些年，观鸟这项老少咸宜的活动在我国正逐渐兴起，并迅速发展起来。观鸟，是了解大自然的便捷途径。国外有句谚语："学会了观鸟，就拥有了一张通向大自然剧院的终身免费门票。"我国是世界鸟类资源最为丰富的国家之一，有着1400余种野生鸟类，约占世界鸟类总数的七分之一。我国幅员辽阔，经纬度跨度大，地形地势多样，气候复杂、生境类型丰富，造就了我国丰富的鸟类资源。

什么是鸟？

介绍观鸟之前，我们需先弄清楚什么是鸟。鸟类是体表被覆羽毛、有翼、恒温和卵生的高等脊椎动物。从生物学观点来看，旺盛的新陈代谢和飞行运动是其与众不同的进步性特征。旺盛的新陈代谢保证了鸟类飞翔所需的高能量消耗，飞行运动能使鸟类迅速且安全地寻觅适宜的栖息地，或躲避天敌及恶劣自然条件的威胁。因此，鸟类是陆生脊椎动物中分布最广、种类最多的类群之一。

关于鸟，有两个老生常谈的问题。其一是，鸟都会飞吗？并不是的，虽说世界上绝大多数鸟类都会飞行，但像企鹅、鸵鸟、几维鸟等鸟类并不具备飞行的能力。在这些不会飞翔的鸟类里，鸮鹦鹉算得萌物界中的翘楚。这种体态浑圆的呆萌鸟类仅生活在新西兰的岛屿上，是世上唯一一种不会飞行的鹦鹉。另一个问题是，会飞的都是鸟吗？也不是的。众所周知，大多数昆虫都是可以飞行的，而蝙蝠这类会飞的哺乳动物也不是鸟类。

什么是观鸟？

简单来说，观鸟就是用我们的眼睛，或借助望远镜、图鉴和记录本，到自然环境中去观察、识别野生的鸟类。与其他自然观察相比，观鸟有着自身独特的魅力：首先，观鸟的时间和地点限制很少。就算在我国北方的寒冬季节，昆虫很难看到，多数植物也已凋零，却还是可以看到很多鸟类。其次，鸟类的行为相当丰富。观察鸟类飞翔、觅食、求偶等各种行为，总是乐趣无穷。另外，对于“外貌协会”的朋友，观鸟可是不错的选择，它们有的霸气威猛，有的羽色艳丽，有的呆萌可爱，相信总

鸮鹦鹉：萌萌的我
只会在地上跑

有一款你会中意。

望远镜是观鸟最重要的工具，选择一支适合自己的望远镜有助于快速掉入观鸟这个大坑。观鸟望远镜可分为两种：双筒望远镜和单筒望远镜。双筒望远镜轻巧，便于寻找鸟儿行踪，是观鸟必备物品。单筒望远镜有更大的倍率，需要配合三脚架及云台使用，适合观赏距离较远的水鸟。如果是刚开始观鸟，单筒望远镜可以先不用考虑。

双筒望远镜也分两种，一种是保罗式望远镜，一种是屋脊式望远镜。保罗式望远镜结构简单，较为便宜，但体积大，重量沉，观鸟时的真实感较差。屋脊式望远镜体积较小，更为轻便，观鸟时更为舒服，但价格略高。综合来说，建议购买屋脊式望远镜。

每支望远镜上都有一串数字，标注如8×42或10×42等规格。其中靠前的数字是望远镜目镜的倍率，也就是将物体放大的倍数，双筒望远镜通常是7—10倍。靠后的数字指的是物镜口径大小（毫米数），通常有20、32、42等不同型号，同类型望远镜的物镜口径越大，进光量越多，成像越明亮，但口径越大体积也就越大。

很多人认为望远镜的放大率是将观测目标放大的倍率，这是不对的，望远镜的放大倍率是将目标“拉近”的倍率。望远镜能望多远呢？很多刚入门的鸟友都会问到这个问题。打开某些网站，我们常会见到“500倍”“1000倍”“可看月亮”等广告语。乍一看好厉害，但仔细一想，我们不用望远镜也能看到月亮呀。正规的双筒观鸟望远镜通常是7—10

倍。为什么不用倍率更大的？这是因为当倍率过高时，手的抖动会造成影像不稳定及观察不舒适的情况。

是不是大口径望远镜一定好？同类型的望远镜相比，口径大的望远镜亮度的确更高一些。但是，请注意是同类型。一些顶级望远镜的口袋镜也要比很多大口径的低端望远镜亮，因此，大口径和高亮度并非有必然的联系。

还有鸟友经常会问：这个望远镜可以用多久？一是要看望远镜本身的质量，还有就是保存和使用方式，比如我就见过小朋友拿着望远镜挖泥的，那使用期就不好说了。

一支望远镜的综合表现，除了倍率和口径，还和它的材质、镀膜、

各种常用的观鸟工具

视场等因素有关。

观鸟望远镜是个大坑，一支顶级的双筒望远镜动辄上万元，有些顶级的单筒望远镜价格更是超过三万元，“填坑”可不容易。对于观鸟的初学者，我建议去正规的望远镜店铺当场体验后，购买一支千元以内的入门级双筒望远镜，就足够使用一段时间。

观鸟的第二项必备物品就是鸟类图鉴。观鸟时的图鉴，相当于读书时使用的字典。它可以告诉我们鸟的名字是什么，生活区域大概在哪里，生活习性如何等诸多信息。随着国内观鸟事业的发展，鸟类图鉴也愈加琳琅满目，有些适合观鸟新人，有些适合观鸟达人。不过还有些图鉴和科普读物，仅适合野外求生做引燃用。

在我国观鸟，首推《中国鸟类野外手册》。这本书出版于2000年，虽然已经过去了很多个年头，但仍然是我国观鸟图鉴中最佳的选择。在国内观鸟，2018年出版的《中国鸟类图鉴》也是可选之一。这本照片版的图鉴与《中国鸟类野外手册》这类手绘版图鉴各有所长，手绘版图鉴可以更好地凸显出鸟类的特

观鸟记录示例

征和细节，更方便进行鸟类相似种类的识别；而照片版的图鉴，鸟类拍摄于野外，通常可以更真实地展现一些生境信息。如果去某些地区观鸟，一些地方性的观鸟手册也值得购买，比如适合华北地区的《北京鸟类图鉴》和《北京野鸟图鉴》，适合华南地区的《香港及华南鸟类》等。

如果对某些鸟种类群有所偏爱，也可以使用像《猛禽观察图鉴》《*Owls of the World*》《*Parrots of the World*》这些单一类群的图鉴。国内外也有很多APP可下载到手机上，方便随时查阅，例如中国鸻鹬识别、北京猛禽识别等。

观鸟记录本同样是观鸟必备物品，也是最容易被忽略的。一份完整的观鸟记录包括时间、地点、天气、温度、环境，以及观鸟起止时间、鸟类种类、数量等信息，这之中每份信息对于观鸟都可能有很大影响。随着观鸟记录的增多，我们可以更好地了解某些地区的鸟类分布情况。近年来，一些国内外的观鸟记录中心可以完成实时的数据传输，方便大家及时把自己的观鸟记录传到网络上。不论是纸质记录还是电子记录，它们都是你观鸟的重要财富。

随着相机的普及，拍鸟在我国也越来越风靡，拍鸟人群的数量甚至已远远超过了观鸟的人数。同时，部分观鸟人士也会在观鸟之余进行鸟类摄影，相机大有成为现代观鸟必备工具的趋势。传统的鸟类摄影以单反相机为主，画质高、对焦快、连拍多，是其显著优势，不过就观鸟而言，某些单反镜头过于沉重，高端的机身和镜头价格也不菲。长焦相机适合学生党，它有亲民的价格、轻便的重量和较大光学变焦倍数等优点，但对焦速度慢，成像质量一般。近些年，微单快速更新换代，兼具便携性和较高的成像质量两项优势，深受不少观鸟爱好者的钟爱。

观鸟是一项陶冶情操的户外活动，挎上望远镜，带上图鉴和记录册，约上三五好友，漫步在公园或是郊外，欣赏着那些自由自在的鸟类，惬意悠然。

如何观鸟

怎样找到鸟？

在野外观鸟，找到鸟是前提条件，但不同的鸟类可能栖息在不同的地区，偏好不同的时间，在不同的生境活动。那么我们要根据哪些信息找到更多的鸟呢？

1.时间

俗语说：“早起的鸟儿有虫吃。”这句话用在观鸟上，也算得上是名言警句了。鸟类大多在清晨和傍晚最活跃，尤其清晨是很多鸟类活动的高峰期，这是一天内最好的观鸟时间。当然所有的事情都并非绝对，比如鸮，也就是民间俗称的猫头鹰，多数种类偏爱在夜间活动。

2. 地点

“地点”从大范围来讲，可以理解为地理位置。首先要知道，目标鸟种的大致分布区。比如乌林鸮这种大型的林鸮，在我国仅分布于西北和东北地区。而另一种中大型的林鸮，褐林鸮——在我国则主要分布于长江以南地区。“地点”从小范围来说，也包括海拔位置。以长相相似的褐头山雀和沼泽山雀来说，前者喜欢生活在高海拔地区，后者喜欢生活在低山或者平原地区。

3. 生境

在同地区同海拔分布的不同鸟种，它们的生活环境可能也有所区别。比如我国特有鸟种绿尾虹雉，它喜爱在高山灌丛和高山草甸地带活动。而同区域内还有一种名为红腹角雉的雉科鸟类，它则喜爱在隐秘的林下活动。

时间、地点、生境，是寻找鸟类的前期功课。对这些鸟类的基础信息掌握得越多，越有利于你寻找到更多的鸟类。

如何识别鸟种？

作为观鸟新手，有时候我们看到一只不认识的鸟，怎样才能识别出它的种类呢？

早起的鸟儿
有虫吃

1. 看整体

一只陌生的鸟出现在眼前，不要上来就被一些细节特征迷住眼。首先要看鸟的整体特征，比如它大概有多大，如果不能准确看出它的体长，可以和其他熟悉的鸟种做一个体形大小的对比，比如麻雀、斑鸠、喜鹊等。再者，要看这鸟的体形是瘦长型还是圆胖型的。通过以上信息，可先迅速缩小范围，判断眼前的鸟大概是什么类群。

2. 看细节

通过对大小和体形的观察后，我们就要看看细节特征了，比如喙的形状、翅的形状、尾的形状，有时候还要看眉纹、翼斑、上下喙颜色等细微特征。

3. 综合判断

认鸟不能过于绝对，很多同种鸟类也会随着亚种不同、性别不同、年龄不同而有各种变化。这就需要除了把握形态特征外，还要结合生境、行为、叫声等因素进行综合判断了。

观鸟观什么？

随着对鸟类知识的越发了解以及外出观鸟次数的增加，你会发现自己可以叫得出名字的鸟越来越多。那么，观鸟除了识别出鸟的种类、叫得出鸟的名字外，还有哪些可看的内容呢？

1. 观鸟种

很多观鸟爱好者都把野外目击鸟种数的增加作为重要追求目标，尤其在意一些罕见的种类。目击到一种新鸟种，是很多观鸟爱好者的最大乐趣。不过，过分追求新鸟种，而对看过的鸟不屑一顾，并不是一种好习惯。这不仅会失去很多欣赏鸟类的机会，也偏离了观鸟的初衷，丧失掉许多乐趣。

在枝头鸣唱求偶的戈氏岩鹀（wú）

2. 观行为

鸟类的行为相当丰富，这是非常值得我们观察和思考的。如果鸟丝毫不动，那么到野外去观鸟，就和看标本、看照片没什么区别了。但鸟是会活动的，观鸟之时除了识别所看到的鸟种，还可以看它怎么飞、怎么跳、怎么觅食、怎么吸引配偶、怎么逃避敌害。

3. 观生境

鸟类的生存脱离不开生态环境，有些鸟类可适应多种生境，而有些鸟类会非常依赖某些特殊的环境。比如长相似麻雀但极度濒危的栗斑腹鹀，它在繁殖时非常依赖西伯利亚山杏和高草，如果在其他环境寻找，就很难看到它的身影。再比如我们在树林中看到一只胖胖的长嘴的鹬（yù）飞过，那很有可能是丘鹬，因为较之于其他相似种，丘鹬更喜欢在林地环境活动。有鸟友说，观鸟就是观生境，可见注意周遭环境对观鸟的重要性。

观鸟须知

1. 有些观鸟活动是在人迹较少的山区或海边进行的，应注意人身安全，不可单独行动，不可擅自进入陌生林区和滩涂等危险地带，不要接触鸟类排泄物。

2. 观鸟，是去野外观察、观赏野生鸟类，笼养鸟不算。

3. 观鸟时如遇鸟类筑巢或育雏，须保持适当的观赏和拍摄距离，不能干扰到鸟类繁殖，更不能采集鸟蛋。

4. 观鸟是一项安静的户外活动，活动中要保持安静，动作轻缓，不可高声叫嚷或聊天，不可抛掷杂物惊吓鸟类。

5. 有人说，观鸟不要穿红色、黄色等鲜艳的服装，尽量选择与自然环境颜色接近的衣服。其实鸟的反应与衣服颜色关系并不是很大，而与我们的行为更相关。我曾见过身着迷彩服的拍鸟大叔接近鸟时，扛着设备挺直身子迈开大步

直奔鸟去，鸟在距离很远时就早已飞走。放低身体，缓慢前进，留意鸟的反应，比衣服颜色要重要得多。

6.拍摄野生鸟类时，应尽量采用自然光，避免或减少使用闪光灯，以免惊吓到鸟或者干扰其正常行为。

7.观鸟或拍鸟，不可过分追逐野生鸟类。有些鸟可能因体能衰弱而暂时停栖于某一地区，此时，它们急需休息调养，过分的追逐行为，可能间接导致其死亡。

8.爱护自然，不要随地吐痰、乱扔垃圾；不要随意折树枝、采摘花朵。

观鸟是一项老少咸宜的活动。如果有时间、有兴趣，可以走入高山大川，去追寻难觅踪迹的罕见鸟种，也可以远渡重洋，去异国他乡追寻新种。如果没有那么多空闲，也可以利用周末走进公园去观鸟，或是在小区里仔细看看麻雀、喜鹊。观鸟是一项有趣的活动，不论何时何地，美丽的飞羽精灵总能出现在眼前。观鸟又是一项严肃的活动，观察、识别、记录，都需要严谨负责的科学态度，一份份积累起来的有效观鸟记录，是很有意义的资料。观鸟这些年，对我来说收获最大的，不是看了多少鸟，走了多少地方，而是学会了理性思维和判断。总是期待着，能有更多人拿起望远镜，走向户外，去观赏这长有斑斓飞羽的自然造物之美。

鸟类的生态类群

鸟类,是脊椎动物中一个重要的分支，根据最新的鸟类名录，全世界现存的鸟类有10000余种，中国也有1400多种鸟类。对于观鸟初学者，看到一只不认识的鸟后，如何进行鸟类识别呢？来吧，让我们先从学会生态类群这个概念开始。

生态类群（ecological group）的定义是生态行为（各对主要环境因素的反应）相似的生物种群组合。也就是把具有特定生活方式、生活在特定环境的种类划分到一起，类似咱们说的“物以类聚，人以群分”吧。

根据鸟类的生活方式和栖息习性，可以将世界的鸟类分为8个生态

类群，这之中有2个生态类群在我国没有分布，其一是只会奔跑不会飞翔的鸵鸟等走禽类，其二是只会游泳不会飞翔的企鹅类。其余的6个生态类群在我国均有分布，分别是游禽类、涉禽类、陆禽类、猛禽类、攀禽类和鸣禽类。

把1万余种鸟类划分为8大类，这样看起来简单多了吧。那这8个生态类群又是怎么划分的？我们怎么判断看到的某种鸟属于哪个类群呢？别着急，我们一一看过。

1.走禽

走禽是鸟类中善于行走或快速奔跑，而不能飞翔的一些类群。它与后面要介绍的陆禽一样，主要在陆地上活动，但是走禽类的鸟类失去了飞翔的能力。它们的胸骨的腹侧正中无龙骨突，动翼肌已退化，翼短小，翅膀退化，但脚长而强大，后肢发达。走禽奔跑可谓是动如脱兔，不信你和鸵鸟来个赛跑比试一下。代表种类有鸵鸟、鸸鹋（ér miáo）等。

2.企鹅类

这是一个比较特殊的类群，它包含的是只会游泳不会飞翔的鸟类——企鹅。企鹅总是以一种憨态呈现在镜头面前，走起路来一晃一晃的，它们的前肢呈鳍状，这是企鹅为了推动潜水技巧高度进化的结果。而且在追随食物从空中转到海洋里的过程中，企鹅逐渐地进化出更密集的骨质，所以现在企鹅不具有飞翔能力。但是企鹅的体羽呈紧密的鳞片状，尾短，腿短，并且趾间具蹼，加上那鳍状的前肢，使企鹅成为了游

善于在地面奔走的非洲鸵鸟

泳潜水的高手。这类呆萌的物种总是充满喜感，你可以找张企鹅的正面照，盯着看上10秒钟。

3.游禽

很多类别通过名称我们就能猜个差不多，游禽简单说就是指在水里游的鸟类。它们善于游泳和潜水，自然就有了比较特殊的脚趾结构——趾间具蹼。而且为了保护羽毛不被水浸湿，它们的尾脂腺发达，能分泌大量油脂涂抹于全身羽毛。喙或扁或尖，适于在水中滤食或啄鱼。

代表种类有我们常见的雁鸭，还有经常被误认为鸭子的䴙䴘（pì tī），善于捕鱼的鸬鹚，以及多在海边生活的鸥、潜鸟等。

4.涉禽

我们先来看看“涉”这个字，它是一个会意字，左“水”右“步”，步行过水的意思。那涉禽所指的鸟类也不言而喻了吧，就是那些在沼泽和水边涉水生活的鸟类。当然它们也具有与涉水生活相适应的外形特征，即喙长、颈长、后肢(腿和脚)长，便于在水中活动和捕食。它们趾间的蹼膜往往退化，因此不会游水。

代表种类有优雅的鹤类、善于捕

鱼的鹭、长腿的鹳，以及湿地、滨海常见的小型涉禽鸻鹬类等。

5. 陆禽

前面介绍了那么多，想必这个不用说大家也猜到了吧！陆禽是不是就是擅长在陆地行走的鸟类？没错！后肢强壮、适于地面行走是这类鸟的特征，善走不善飞的它们翅膀短圆退化，而且为了适于地面啄食，陆禽的喙也比较坚硬。

代表种类我猜大家都想到了：雉类、沙鸡、斑鸠等。这里要强调的是鸠鸽类，虽然它们善于飞翔，但因为取食主要在地面，也被归为陆禽。

6. 猛禽

看到这个词，你的头脑中是不是闪现着一只伸着利爪向下俯冲捕食的老鹰？是的，猛禽们无愧于类群的名称，它们的喙、爪锐利带钩，视觉器官发达，飞翔能力强，多具有捕杀动物为食的习性。

代表种类以鹰科、隼科和鸱鸮（chī xiāo）科的鸟类为主，通俗点讲就是各种鹰、隼、雕、鹫、鸢，以及主要在夜晚活动的猫头鹰等。

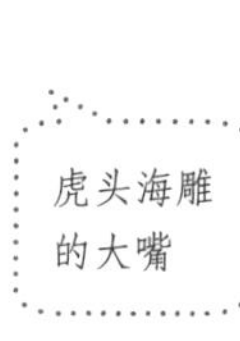

虎头海雕的大嘴

7. 攀禽

善于攀缘，是这个类群鸟类的特征。因此这类鸟最具特点的就是它们的足(脚)趾了，趾形发生多种变化，以适应在岩壁、石壁、土壁、树干等处的攀缘生活。除此之外攀禽的喙和尾也具有独特的结构。如啄木鸟尾羽羽轴强韧，攀爬和啄木时起到支持身体的作用；鹦鹉、交嘴雀在攀树时，能用嘴咬住树枝。

这个类群的代表鸟类有两趾向前、两趾朝后的啄木鸟、鹦鹉、杜鹃，四趾朝前的雨燕，第三、四趾基部并连的戴胜、翠鸟等。

8. 鸣禽

鸣禽是种类最多，也是我们生活中接触最密切的鸟类了，约占世界鸟类的五分之三。走进自然，耳边往往充盈着欢快的鸟叫声，这些善于鸣叫的鸟自然就归属于鸣禽了。鸣禽具有发达的鸣叫器官(鸣肌和鸣管)，它们大多体态轻盈，巧于营巢，繁殖时有复杂多变的行为。

鸣禽包含了雀形目的所有鸟类，例如八哥、黄鹂、百灵、家燕、山雀等。声音没有那么好听的乌鸦、喜鹊也归于鸣禽。

怎么样，通过这些介绍，当您在野外观察到某种不认识的鸟时，是不是可以说出它的生态类群了？通过对鸟类的观察及鸟类知识的学习，下一步就可以分得更细了，比如这只游禽是雁，是鸭，是䴙䴘，还是鸬鹚（lú cí）？然后借助图鉴或者请教他人，对常见鸟类进行定种应该也是不难的事情了。

最后再说一句，了解了鸟类的生态类群，不仅对鸟类识别有帮助，还可以帮助我们寻找那些小精灵。因为生态类群是根据鸟的生活方式和生活环境来划分的，当我们找对了鸟的生活环境，再去寻找它就相对容易了。希望通过这段叙述，使大家可以对鸟类的生态类群有一定的了解，并让它成为您观鸟、识鸟的好帮手。

观鸟趣闻

深入到野外观鸟，在很多人看来似乎是很专业的事情。拿着望远镜，对着图鉴，说的很多鸟名中带着诸多念不出的生僻字。很多人会觉得观鸟是一件严肃的事情。是的，观鸟需要科学而严谨的精神，但观鸟同样是一件有趣的事情。我们来聊聊观鸟中那些好玩的事。

我刚开始观鸟时，觉得在大庭广众下举着望远镜四处张望，显得那么怪异，仿佛会引来别人异样的目光。那时家附近有个小院，由于年久失修无人管理，小院里鸟比较多。小院里有个篮球场，也是我和朋友们常去打篮球的地方。每次打球前，我都将望远镜藏在书包下层，再和朋友们打球，待大家一一撤离后，才“心虚”地把望远镜拿出来，观察周边的鸟类。那个小院是我独立开始观鸟的起点，在那里，我对着《中国鸟类野外手册》认识了白头鹎（bēi）、灰椋（liáng）鸟、金翅雀等鸟种。我总和朋友开玩笑说，我的观鸟生涯从偷偷看鸟开始。

要说这偷偷看鸟还真是持续了一阵时间。2010年春季，北京观鸟会进行燕及雨燕调查时，我负责从北土城到鼓楼这段的调查工作。那会儿骑车沿着马路走一段就停下来，看看天上有没有燕或雨燕。我总觉得在上班人群川流不息的马路上，把自行车停在路边，举着望远镜看着天上，是一件很奇怪的事情。所以，我也总是把望远镜放在车筐里用布盖上，待到肉眼看到天上有燕或雨燕的时候，回头看看周边人多不多，然后做贼似的快速把望远镜拿出来识别鸟种再迅速放回去。偶尔会有人过来问我在做什么，那时真是臊红了脸回答在数燕子。刚进行京燕调查时，我很快地就学会了如何用肉眼快速区分家燕和金腰燕这两种相似的鸟种，也许这和我怕举起望远镜看燕子有关吧。观鸟初期这段羞涩的记忆，现在每每回想起来还觉得可笑。

自小我就念不清那些“n、l、h”开头的字母，高中时候同学总笑我连着读这仨字母更像是“n、n、n”。我总是安慰自己说这一定是因为爷爷是云南人。带人观鸟时我常常忘记了我这念不清字的问题。有一次在奥林匹克森林公园观鸟，队伍中有个好学的大姐，每当我告诉她望远镜里看到的鸟的名字时，她总是念着鸟名并写在纸上。刚进公园不久，我用单筒望远镜给大家对了一只站在树桩上的苍鹭，当我正绘声绘色地讲着苍鹭的习性时，大姐悠悠地问我：“小关老师，苍怒（nù）是什么鸟？”这一句话引得大家哄堂大笑。2017年带团去肯尼亚观赏野生动物，刚出机场，我们便在停车场的草地上看到了牛背鹭。我刚说出“牛背鹭”这三个字时，一位小朋友的家长充满疑惑地问我：“刘备怒？这鸟和刘备有啥关系？”哭笑不得的我只得拿出记录册指着“鹭”字麻烦其他老师帮

我翻译。真没想到，原来我念中文，竟然也需要翻译。如果只是“鹭”字让我头疼倒也还好，在马赛马拉国家公园，我发现这里还有两种令我万分无语的鸟，它俩的中文名为：红嘴牛椋鸟和黄嘴牛椋鸟。Oh My God！五个字里，我有四个念不清，以致在非洲之后的行程，大家非常“喜闻乐见”我念出这两个鸟名，这可真是丢人丢到非洲去了。

观鸟对我来说最大的乐趣是发现和分享，我觉得观鸟有时候有点像破案。当你想去寻找一种特定鸟的时候，要查阅大量的书籍和资料。它喜欢什么时间在什么地点出现？是喜欢开阔林地还是水库河流？这都需要大量的资料排查。当你根据自己的判断，在野外邂逅目标鸟后，那是相当有成就感。有一次在云南观鸟时，白天我们指着一棵大树说，这里真适合晚上落个大型鸮类（猫头鹰）。晚上夜游到树下时，手电筒一举，一只中国罕见的褐渔鸮赫然屹立在树上。

还有一次，我们在零下20摄氏度冰天雪地的大兴安岭林区，一片覆盖着厚厚积雪的针叶林中寻找一种国内少见的雉类——黑嘴松鸡。由于我买了一双超大而厚实的雪地靴，所以蹚着没过膝盖的积雪在林间比别人走得要快很多。我走到林地中央的一片区域后，环视四周对身后的鸟友说，这儿的环境真适合鬼鸮（一种罕见的小型猫头鹰）栖息。然后，我就开心地唱着歌离开了这里。当我巡视完林地集合后，我发现大家都冲着我乐，他们说我由于戴着厚帽子在林间唱歌，所以没听到大家喊我，因此完美地错过了黑嘴松鸡。我们集合后迟迟不见一位叫沈岩的鸟友归来，只得一起大声呼唤他。过了一会儿，沈先生从林间撞了出来，激动地说拍到了鬼鸮，并且当他安静地退出来时，鬼鸮还在树上。还等什么！我们一行人快速跟紧他返回林地去寻觅鬼鸮，果然看到了这个萌萌的小家伙。当一阵如冲锋枪般的连拍后，我望着四周有些无语，哎哟，这不是我之前说可能有鬼鸮的地方吗？当时咋就没仔细在周边找找呢！在我们拍摄完第一只鬼鸮，意犹未尽时，同行的关雪燕老师在附近发现了另一只角度更好的鬼鸮。活动的最后一天，看到如此罕见的鸮类，完美收官。是的，观鸟需要经验和对生境的理解，当然也需要一些运气。

别看我叫鬼鸮，
但我很萌的

说到运气，不得不提我的“小绿鸟事件”。曾几何时，在书上第一眼看到它（中文名为“长尾阔嘴鸟”），就感叹造物主的神奇，中国还有羽色这么亮丽的鸟！周身主要为绿色，黄色的头部罩着一个黑色的“头盔”，天蓝色的尾羽是那么艳丽。这么漂亮的鸟，我一定要找到它！有时候梦想是丰满的，而现实却是骨感的。我自2011年2月第一次去云南，连续找了4年多，直到2015年12月才第一次看到。而这期间的故事，简

我就是小绿鸟，
长尾阔嘴鸟

直感人。2011年我去了云南半个月，别说见了，连个声儿都没听过。当我2012年再次前往云南观鸟时，在某地观鸟有多条线路。我那天上午选择了A线，中午吃饭时遇到一位拍鸟的老师，他说早上在B线遇到了小绿鸟，并“残忍”地给我看了他拍摄到的照片。于是我下午果断前往B线寻找，奈何苦寻无果，结果晚上吃饭时，他说他下午去了A线，并且又拍到了小绿鸟。这种事情在之后的几年发生了多次。好在本人心态好，要不也许早已疯癫了。

读万卷书不如行万里路，每一段旅程都有属于自己的感动和快乐。观鸟之旅亦是如此，每个人都会收获属于自己的故事，每一段故事都值得回味，或是辛酸，或是喜悦。去观鸟，你永远不知道下一刻会遇到什么鸟。也许，充满未知和惊喜，这就是观鸟的最大乐趣吧。

回归的承诺

当早春的寒冰刚刚融化，第一批候鸟已经踏上了北上的征程。它们飞过高山、大海、城市、森林，历尽艰险来到北方的繁殖地，完成生命的延续。而当秋日渐凉，候鸟迁徙的大幕再一次拉开。春去秋来，南来北往，这是候鸟的承诺。

迁徙，泛指某种生物，或鸟类中的某些种类或其他动物，每年春季和秋季有规律地沿着相对固定的路线、定时地在繁殖地区和越冬地区之间进行长距离的往返移居的行为现象。

鸟类为何要进行这种漫长的跋涉呢？目前有三种观点：

1.鸟类起源于南方，由于大陆板块向北漂移，许多鸟类被带到北方，

它们回家的尝试形成了迁徙的习性。

2. 鸟类起源于高纬度地区，第四纪冰川自北向南的入侵，迫使鸟类向南方迁徙，待到夏季冰川退却，使鸟类能定期地往复繁殖地和越冬地之间，从而形成了迁徙的行为。

3. 鸟类起源于南方的热带森林，种群的大量繁殖造成了对食物需求量的增加，因此生态压力使得某些鸟类在夏季向北方冰川退却地扩散，而当冰川来临时再回到南方越冬，久而久之，便形成了定期迁徙的行为。相比较而言，第三种观点比较符合现代生态学思想，似乎更为合理一些。

迁徙中的苍鹰幼鸟

每年几十亿只候鸟往返于繁殖地和越冬地之间，它们靠什么来决定航向呢？有些实验证实鸟类可以利用太阳和星星定向。有些实验表明，鸟类可以利用地球磁场定向。还有一些科学家认为鸟类可以借助河流、山川等陆地标志物定向。迄今为止，关于鸟类的迁徙定向机制，尚无确切答案。或许，这些神奇的生物还有着其他我们所不知道的定向方式呢。

目前世界上有8条候鸟迁徙路线，其中经过我国的主要有3条路线：

1. 东非—西亚迁徙线，候鸟从蒙古进入新疆，跨越青藏高原后进入

斑头雁，飞越
珠穆朗玛峰的
勇士

印度半岛，飞越印度洋，最后在非洲落脚。

2. 中亚迁徙线，候鸟从西伯利亚进入我国，最后到达印度半岛。

3. 东亚—澳大利亚西迁徙线，候鸟从美国阿拉斯加到澳大利亚西太平洋群岛，途经我国东部沿海。

其中最著名的洲际行者就要数北极燕鸥了，北极燕鸥在北极圈内繁衍后代，当冬季来临时，它们向南飞行，越过赤道，绕地球半周，来到冰天雪地的南极洲，在这儿享受南半球的夏季。每年在两极之间往返一次，行程数万千米。

鸟类迁徙的时候可以飞多高？一般来说，鸟类迁徙高度通常不超过1000米，小型鸣禽的迁徙高度不超过300米，大型鸟迁徙高度多在3000—6300米之间。像斑头雁、蓑羽鹤等少数鸟种迁徙时可以跨越珠穆朗玛峰。

像鹤、鹳、雕、鹰等体形较大的涉禽和猛禽，多在白天迁徙。而鸻鹬（héng yù）、雁鸭和多数鸣禽多在夜间迁徙，这有可能是为了避免遭到猛禽的袭击。如果你有兴趣，在春秋季节的月圆之时，盯着月亮看一会儿，没准可以看到迁徙的鸟“穿月”飞过呢。

小时候学过一篇课文：“秋天到了，天气凉了……一群大雁往南飞，一会儿排成个‘人’字，一会儿排成个‘一’字。”迁徙中的鸟类的确会集结成群，有些在迁飞时会保持相对固定的队形。其中最熟悉的就要数上文中提到的雁阵了，而其他像鹭、鹳（guàn）、鹤等体形较大的鸟类，

编队迁飞的灰雁

在迁飞时也会编成“人”字或“一”字的队形。这可以有效地利用气流，减少迁徙中的体力消耗。诸多雀形目的小型鸟类在迁徙时也会集群，只不过看上去远没有那些大型水鸟的队伍整齐，不过像燕雀、紫翅椋鸟等鸟类，有时集群可达万只以上，铺天盖地，黑压压的一片，有些吓人。

鸟类的迁徙之路充满了危机。天敌的袭扰，复杂的气候变化，人造设施的影响，人为捕杀的威胁，途经栖息地的破坏等诸多原因，都让鸟类的每一次迁徙旅程变得危机重重，每年都有众多候鸟倒在半路上无法触及终点。

北极燕鸥每一年在南北极间往返万里，斑尾塍鹬（chéng yù）在迁

徙时期可以连续飞翔8天7夜不做任何休整，斑头雁要飞越近9000米的珠穆朗玛峰。鸟类的迁徙是地球上壮美的诗篇，令人感慨，更令人感动。我们会赞颂候鸟，说这是关于回归的承诺。而对鸟类自身而言，迁徙，更是为了生命的延续。

雉在中国

提起鸡这种鸟，没有谁会觉得陌生，但说到雉，也许就不是人尽皆知了。简单地说，“鸡”为大众对鸡形目鸟类的通俗称呼，而“雉”则为鸟类研究者或观鸟人群对鸡形目鸟类的统称，又或说“雉鸡类”。多数雉鸡类鸟，雌雄的体形、颜色皆有区别：通常雄鸟体形较大，羽色艳丽；雌鸟体形较小，羽色也较为暗淡。

我国是雉鸡类资源最为丰富的国家，共有63种，约占世界雉鸡类总数的四分之一，堪称雉类王国。其中很多种类还是我国的特有鸟种，比如褐马鸡、黄腹角雉、绿尾虹雉、红腹锦鸡、白冠长尾雉、蓝腹鹇（xián）等。

观鸟圈有一句话，叫“一鸡顶十鸟”。这句话里，“鸡”特指雉鸡类的鸟，“鸟”则泛指其他小鸟。虽然这句话说得不太严谨，而且以环颈雉为代表的某些雉科鸟类也较为常见，但也充分体现出多数雉科鸟种在观鸟人心中的地位，那是相当地高。

当我们在户外观鸟时，若在林间路旁看到美丽的雉鸡类，心中的兴奋之情总是溢于言表——动辄连连赞叹、手舞足蹈。这种情感对于没有观鸟经历的人来说，可能有些难以理解。

自古以来，鸡与人类的关系就十分密切，它是我们的祖先最早驯化和利用的动物之一。长江流域的屈家岭遗址中发掘出模拟家鸡的陶鸡，说明当时家鸡的饲养已很普遍，殷商时代的甲骨文里就有了“鸡”字。在人类社会早期，雉鸡类是一种主要的狩猎对象，且看“雉”字的构成——左“矢”右“隹”，“矢”表示箭，“隹（zhuī）”表示鸟——用箭射猎鸟，意指容易射猎的飞禽。时至今日，家鸡依然是世界各地公认的美食。

在我国，家鸡的祖先多为一种叫作红原鸡（又名原鸡）的雉科鸟类。它们的雌鸟和雄鸟都分别和家鸡长得很像，其实反过来说才对，是家鸡长得像其祖先红原鸡。它们连叫声也很相像，如果你在我国西南地区的山林中游玩，听到类似家鸡的咯咯咯声，没准就是红原鸡。实际上，不论外貌还是习性，部分家鸡仍有与祖先相似的地方。比如，有时我们会发现家鸡在树上睡觉，这就是延续了它们祖先的习性：很多雉鸡类夜晚都在树上睡觉，因为在夜间它们极易成为豹猫、黄鼬等猎食动物的食物，躲在高大的树上，要相对安全得多。

若说我们身边最常见的雉鸡类，非环颈雉莫属。环颈雉又名雉鸡，这家伙北到黑龙江、南到云南、西至新疆、东至台湾，祖国各地都有它的身影。环颈雉不仅分布广，数量还很多。我曾在河北衡水观鸟，走到一处农田附近的高草丛边，身边先后飞出了约三群，总共四五十只环颈雉。它们有时看到人不会立刻逃跑，而是选择蹲卧藏匿在草丛中，当你走到它们身边，甚至是距离不足一米的地方，这些家伙才玩命扇动翅膀，发出响亮的突突突声，向远方飞走。如果不加留意，在野外也许会被它们的突然现身伴随的声响吓得跌倒。环颈雉因其在雉科鸟类中分布最广、数量最多，而被观鸟人戏称为“菜鸟”，这也反映了其适应能力强，不论在山林、农田、灌丛还是沼泽，甚至半荒漠地带，都能生存。正是其强大的适应能力，环颈雉才能够良好地繁衍生息。

春晚小品里，宋丹丹那句“公鸡中的战斗鸡”可是火过一阵。您别说，这句话放在鸟圈，还真说得通。有这样一种雉类，如果称为战斗鸡，那真不过分。它就是褐马鸡。相传黄帝和炎帝在河北阪泉大战时，有“帅熊罴狼豹貙虎为前驱，雕鹖鹰鸢为旗帜”之说，其中的“鹖”，指的就是褐马鸡。古人将褐马鸡与这些凶兽猛禽并列，可见它何等勇武。据说褐马鸡具有斗死方休的本性，古代诸多朝代都有“武将戴鹖冠之制以识其勇”的说法。每年春季，雄性褐马鸡之间为了争夺地盘和配偶，的

常见的环颈雉

确会发生战争。称其为战争绝不为过，雄鸡的打斗异常激烈，时常斗得鲜血淋漓，难解难分，直到一方逃窜甚至被打死才告终。目前，褐马鸡仅见于山西、河北、北京等少数地方，而且数量很少。这种战斗鸡已亟需我们的保护了。

再来看看中国特有的雉类鸟种中羽色华贵的两位。

白冠长尾雉，其雄鸟尾羽长度可超过1.5米，如果您在野外遇到它，一定会感叹它华丽的外表。尾羽绚丽得夺人眼目，带给我们美的震撼的同时，却为它招致了灾祸。白冠长尾雉的中央尾羽是我国传统戏曲道具中的“雉翎”，人们为了得到其美丽的尾羽，大量猎杀它们。在科技快速发展的当下，像“雉翎”“点翠”等早已可以由现代工艺制品代替，我们的戏剧应该去其糟粕，文明始终是我们社会进步的标志。

红腹锦鸡在民间俗称金鸡，其雄鸟的艳丽程度堪称梦幻：头戴金色丝状饰羽，枕披橘黑间杂的条纹“披风”，上背金属绿色，翼带金属蓝光，胸腹赤红似火，腰部金黄，褐色尾长而弯曲，缀满黄色斑点。难怪有人认为它是凤凰的主要原型之

一。有幸在野外遇见它的人，一定会被惊艳到。

若论我国美丽的雉鸡类，像白腹锦鸡、白颈长尾雉、绿尾虹雉等都该上榜，很多人认为它们艳丽的羽色并不输于上述两种。至于谁更胜一筹，则是仁者见仁，智者见智。

另一种雉科鸟类，也以其绝美的身姿而闻名世界，它就是绿孔雀。大家定不会觉得孔雀陌生，有人说我们在很多景区都看过孔雀呀，甚至还经常看到孔雀开屏呢。

其实，我们平常见到的孔雀，多为人工饲养的蓝孔雀，而蓝孔雀并不是我国的原生鸟种。也就是说，我国并没有野生的蓝孔雀分布。真正

在我国有野外分布的孔雀是绿孔雀。你可知道，这种尾上覆羽特化的华贵雉类，由于栖息地被破坏和人为捕杀，在我国可能已不足500只。别说不明真相的群众，就算是资深观鸟人士，也没有几位能在野外一睹真容。

受到人类活动的威胁，以绿孔雀为代表的诸多雉类在野外的数量急剧减少。希望这些雉类能永远在这片土地上生生不息，不要有绝迹山野的一天，别让我们妄称雉类王国。

长空鹰击

在文人墨客的笔下，空中高翔的雄鹰总象征着与命运搏击、不屈不挠的斗士，是自由与高傲的代名词。即使是年幼的雏鹰学习飞翔，也被称为“雏鹰展翅”，寓意年轻人走向独立。鹰的身上，带有一种生命的魄力。

一直以来，我都对鹰充满着别样的情感。还记得高中时期，有一次在操场打球，无意间抬头，看见一只鹰在空中盘旋。近似长方形的翅膀，扇面一般的尾巴，在蔚蓝的天空中缓缓盘高。我看入了神，呆住了，对周围的一切声音听而不闻，一切画面视而不见，眼里盯着那个越来越小的黑点，直到它消失得无影无踪。后来据朋友们说，他们几次催促我传球，见我毫无反应，只是望天不动，都以为我突然傻掉了。当时还保持着文科少年的情怀，回家写了首赞美鹰的诗，可惜本子早已丢失，如今却是再也写不出来了。那是我第一次看到猛禽，它盘旋的身影至今仍会在眼前浮现。

大学时，母亲的同事在郊区游玩，捡到了一只“鹰”，听说我喜欢动物，便送给了我。它个头不大，大大的眼睛无辜地望着我。我上网查了资料，特意买了生牛肉喂它，它倒是吃得很满意。养了三天，在一次看着小家伙大快朵颐后，忽然发觉，纸箱子里这只猛禽没有半分高傲威猛的气质，被我养得如家鸡一般。它不该蜷在这里，它属于广阔的荒野。我在网上查到北京市猛禽救助中心专门救助鹰，于是给他们打了电话。上门救助的工作人员告诉我，这是一只红隼的幼鸟，也是国家二级保护动物。原来我们自己是不可以私自

饲养猛禽的，红隼，这是第一种我叫得出名字的猛禽。

观鸟后慢慢知道，猛禽大体分为两类（按照传统分类系统）：一类是隼形目猛禽，也就是我们常说的鹰，多在白天活动；另一类是鸮形目猛禽，也就是民间俗称的“猫头鹰”，多在夜晚或者晨昏活动。民间常说的“鹰”，泛指隼形目猛禽，包含了鹰、隼（sǔn）、鵟(kuáng)、雕、鹞（yào）、鹗等不同种类。

我似乎和红隼有种特殊的缘分，刚开始在野外观鸟，见到的第一种猛禽也是它。2009年秋天在圆明园，我跟随赵欣如老师初学观鸟，赵老师指着空中飞过的一只中型鸟类说这是红隼，别看个子小，它有两项绝技：一是可以借助风力和翅膀的扇动在空中悬停；二是能识别老鼠的新鲜尿液。那时我才知道，原来红隼主要以鼠类为食。2010年冬季我第一次独自去野外观鸟时，在沙河水库岸边的农田一眼便认出了它。嘿，老朋友，人生何处不相逢。

初识“鵟”这个字，也是在赵老师的观鸟课上。惊讶于除了元素周期表，鸟类的中文名里也有这么多诡异的生僻字，结果当时只记得“鵟”字了，至于普通鵟的样子，反倒没有给我留下太深的印象。2010年初春在圆明园观鸟，旁边的鸟友看着空中一只中型猛禽说，普通鵟。那是只有着长方形翅膀，盘旋时能看到圆尾的猛禽。哎，这不是我高中时候见到的那只大“鹰”吗？原来它是普通鵟，原来我早已见过它，多年来的疑案终于尘埃落定。

金雕是真正的空中霸主，它的双翼张开可超过两米。宽阔的翅膀配上壮硕的大嘴、金色的枕部羽毛，自有一股王者气质。它虽然不是隼形目猛禽中个体最大的，却是最为凶猛的。网上甚至有金雕捕狼的视频，不过那是经过人工驯化的金雕，且多为团队作战，我觉得野生的金雕多半不会选择去捕杀狼的。

有一次在北京西山地区观鸟，周边不足50米的草丛中有一只雄性雉鸡，扯着嗓子咳咳叫个不停，午后的烈日加上这单调又响亮的叫声，让人有些烦躁。过了一会儿，远远看到一只金雕从百米左右的高空飞过，接近我们头顶时，只见它突然从几百米的空中收紧翅膀快速掠过我们身边，直奔雉鸡发出叫声的地方而去，想来是发现了那只雉鸡。金雕冲入山下，我们隔着树林看不到它也看不到雉鸡，只听得雉鸡咳咳咳咳的连续叫声越来越远，显然是金雕失手了。我们为逃过一劫的雉鸡感到庆幸，又为错失猎物的金雕而遗憾。经此一劫，不知道那只雉鸡以后还敢不敢在老地方啼叫了。

捕食雉类对金雕来说是小菜一碟，即使是捕杀蓑羽鹤这种大型的鸟类，在金雕眼里也不算难事。不止鸟类，金雕连岩羊也可猎得。我曾看过金雕捕杀岩羊的纪录片，简直觉得有几分恐怖。金雕在空中发现岩羊后，有时会自下而上地围绕岩羊所在的高山盘旋，以将猎物赶向山巅，当把猎物逼到崖壁边上时，金雕找准时机俯冲向岩羊，将目标推下悬崖摔死。接下来金雕飞至死羊边，开始享用大餐，或者用钢铁似的利爪抓

金雕猎杀
岩羊

住比自己还要重的岩羊，奋力振翅，飞回巢中哺喂幼鸟。

在见到苍鹰之前，我就听过它的大名了，这种中型猛禽素以性情凶猛著称。苍鹰冲入林中捕食小鸟，常常是一鸟入林，众鸟惊叫奔逃。在密云水库观鸟时，我曾见到一只苍鹰追击野兔，兔子玩命奔逃，几次险些丧命鹰爪下，却屡屡在关键时刻闪身躲过，最终仓皇奔进高草之中，躲过一劫。苍鹰追击迅捷，步步紧逼，野兔却躲避得更加灵活巧妙，倒让在一旁看好戏的我们紧张万分。苍鹰有时会捕杀比它体积还要大的雉鸡，也会在空中直接截杀小型鸟类。霸气的外貌，凶狠的眼神，真不愧是结合了力量与速度的致命杀手。

未观鸟时，我总认为猛禽都是大块头。后来在江西见到白腿小隼，圆圆的头部看起来格外蓬松，一双大眼睛四处张望着，让人实在很难把这黑白两色、只比麻雀略大的萌物和猛禽联系起来。

未观鸟时，我觉得猛禽都是凶猛的捕猎高手。观鸟后才知道，民间俗称“蚂蚱鹰”的红脚隼，主要以昆虫为食。还有长着一双宽大翅膀的

凤头蜂鹰，它和普通鵟大小相似，个头虽不小，但正如其名，它主要捕食蜂类。

未观鸟时，我以为猛禽是速度的代名词，以为所有猛禽都能像游隼一样急速冲击。当我看到空中缓慢飞翔的秃鹫时，才发现原来猛禽也有太极一派。

观鸟后我慢慢得知，真实的自然界毕竟与文学作品所表现的不完全相同，猛禽并不只是高傲的猎手。它们不仅搏击长空，有时也是现实的机会主义者，对于送上门的猎物，定不会错过。比如主要以鱼类为食的鹗（è），也被人见到过食用将死的斑鸠。猛禽是鸟类世界的霸主，食物链中的上层捕食者，它们具有猎手的本性，但顺应现实让它们得以更好地适应自然，更好地在地球上生存。

暗夜杀手

白天是一个属于我们的世界，随处充斥着汽笛的喧嚣，满眼望去，川流不息的人群急匆匆地穿过大街小巷。到了夜晚，世界变得不一样起来，行走在公园或者郊外，也许你会听到悠远的呜呜声。如果你足够幸运，可能会看见一道黑影静悄悄地从夜空中划过，如暗夜精灵般诡秘。

它们，就是我们故事的主角——鸮，因为头部似猫，故俗称“猫头鹰”。它们中的多数成员喜欢在夜晚或晨昏活动，少数种类偏爱在白天活动，因而又常被人称为“夜猫子”。或许你不曾注意它们，或许你认为猫头鹰本应该栖身于深山老林中，事实上，它们中的一些成员就生活在我们身边。

如果你在野外看到一只鸮，即使你不观鸟，相信也能喊得出它的名字：猫头鹰！圆圆的脸上镶嵌着一对炯炯有神的大眼睛，这是它们给多数人的直观印象。不过你可能不知道，就是这些萌萌的家伙，可是黑夜中的顶级杀手。一双大眼睛的视网膜上有极其丰富的柱状细胞，这让它们可以察觉微光；独特的面盘和头骨结构有助于声音定位；头部可以旋转270°，让它不用转身就可以观察周边的情况；特殊的羽毛结构让它们可以悄无声息地飞行。这个具备了众多技能的杀手，在我国的北方部分地区通常被视为不吉利的鸟，因此有“不怕夜猫子叫，就怕夜猫子笑”“夜猫子进宅，无事不来”这样的俗语。观鸟久了，对鸮越是了解，我越是想要为鸮平反。

人们常常把鸮的叫声理解为哀音，认为猫头鹰发出的“笑声”会给听到的人带来灾难，这实属冤枉。要知道，鸟类发出的声音，并无“叫”与“笑”之分。我们常见的鸮类，叫声多类似呜呜声；而所谓笑声，有可能是一种名为雕鸮的报警声，是它们发现危险的示警声音，并不是笑。因此，“不怕夜猫子叫，就怕夜猫子笑”说法的产生，我认为这种理解更多的是源于人们对黑夜响起不明之声的本能畏惧吧。

从鸮的生境来说，“夜猫子进宅”也不算空穴来风，有些鸮类的确很喜欢在人类居住地附近出没。有些种类的鸮利用较粗壮树干上的树洞繁殖，有些则直接在建筑物的空隙中筑巢，最关键的是，人类可以间接给鸮提供丰富的食物。人类居住地夜晚亮起的灯光，会诱来数量众多的昆

我就是一只猫头鹰
（灰林鸮）

虫，方便以昆虫为主要食物的鸮类觅食，在某些地区，胆大的鸮甚至会站在路灯上方等待昆虫。另外，居住地附近也常有蝙蝠、鼠类活动，这也为那些以小型哺乳动物为食的鸮类提供了食物来源。因此，我们在人们聚居的区域听到或看到鸮，也就不足为奇了。至于“无事不来”，不过是过去人们将猫头鹰的传说与人间的生老病死联系在一起罢了。因为鸮的头部扭转角度大，在我国部分地区流传着吃猫头鹰可以治疗头疼的谣言，这完全没有任何的科学依据，只不过是头疼的时候自我安慰的无稽之谈。

猫头鹰在西方文化里多象征聪明敏锐，童话中它们常以猫头鹰博士的身份出现，甚至禽鸟野兽间的争端，都是要靠猫头鹰来作为裁判调解的。《哈利•波特》电影中主角的信使海德薇，是一只聪慧而善解人意的雪鸮。而罗恩的信使埃罗尔，则是一只糊里糊涂的乌林鸮。还有一部译为《猫头鹰王国：守卫者传奇》的电影也很有趣，这虽然不是纪录片，但电影里拟人化的多种猫头鹰依然保持着它们原有的体态特征。

我国约有32种鸮，雕鸮是体形最大的一种，体长可超过70厘米。一位经常带我们观鸟的司机师傅讲过他的一段经历：一天晚上，他在北京山区行车，车光照亮马路，晃到路中间蹲着的一只动物，距离较远时，他下意识地以为是只猴子，逐渐靠近，那“猴子”却忽地凌空而起，挥动翅膀飞走了……他后来回忆，那只“大猴子”很有可能是雕鸮。这种大型鸮类主要以鼠、蛙和中型鸟类为食，不仅如此，体形较大的它们还不乏夜袭大鵟、猎隼、长耳鸮、短耳鸮等中大型猛禽的记录。雕鸮在野外很少见到，但在一些鸟类救助机构里，不难看到它们，因为这些贪吃的大家伙有时在夜间偷袭居民饲养的家鸡，追进鸡笼中难以脱身。

我国身材最迷你的鸮——领鸺鹠（xiū liú），体长仅仅15厘米左右，和手机的大小差不多。领鸺鹠是为数不多的偏好白天活动的鸮类。领鸺鹠主要以小型鸟类为食，如果它在白天被小鸟们发现，经常会被团结一致、上下一心的小鸟们驱赶。领鸺鹠有个与众不同的体貌特征，那就是头后“长眼”，它的颈部后方具有一对黑色和棕黄色的似眼状的斑纹。研究发现，这对伪眼不仅有恐吓打算从后方偷袭的天敌的作用，还有恐吓其他小型鸟类骚扰的作用，骚扰者甚至会刻意避开伪眼，绕至其前方挑

畔，这还间接地增加了领鸺鹠猎食小型鸟类的机会。这假眼的作用真是令人佩服。

鸮类通常具有大而圆的头部及明显的面盘，而鹰鸮则是一种长相比较特殊的猫头鹰，它的头部较小，脸部几乎没有面盘，也因形似鹰类而得名。它在鸮家族中，体形中等，体长30厘米左右，约有一页A4纸长边的长度。鹰鸮多以昆虫、鼠类、蛙类为食。曾经有人观察鹰鸮捕食蝙蝠的过程：夜幕降临，鹰鸮听到古建筑中蝙蝠的活动声后，一边不时地向左、向右旋转头部以辨别声音来源，一边调整身体的方向。突然，它猛地向空中冲去，直接截杀蝙蝠。蝙蝠这种灵活的夜行动物究竟是如何被捕到的，由于我们很少在夜晚观察，很难想象那惊险的画面，也不得不佩服这些暗夜猎手的敏捷。

入夜后，当繁华散去，留下的是幽静而庄重的黑暗世界，耳畔的蛙声虫鸣是夜的主旋律。黑暗笼罩下，是谁在环顾四周寻觅食物，是这暗夜世界的顶级杀手——鸮。它们或许不曾被人留意过，却实实在在地生活在我们的世界中。当东方泛白，人们又开始一天繁忙生活的时候，它们却静静藏匿于喧闹的都市或者幽静的森林中，等待下一个夜晚的到来。

天下乌鸦一般黑？

冬日的黄昏，一群群黑色的鸟儿从天边飞来，在城区高大的树木附近聚集，不时发出哇哇的叫声。当黑夜降临，它们停落在大树上休息过夜，夜色掩盖住一切，这些黑鸟仿佛与夜晚相融。第二天早上，朝霞未起，这些黑色鸟儿又匆匆飞向郊外。它们就是乌鸦，一种我们从小就听有关它们故事的鸟类。

在我国部分地区，人们会把乌鸦认作不吉利的鸟，因而有“乌鸦叫，灾祸到”的俗语，也有当乌鸦飞过头顶，无灾也有祸的说法。凶兆、不祥成为了乌鸦的标签，它们恶名的产生与通体的黑色有关，再加上常见乌鸦的叫声多单调枯燥，还有喜欢从垃圾堆觅食、吃动物腐尸的习性，

这种种原因，让乌鸦成了人们眼中的不祥之鸟。

有厌恶就有褒扬，有人把乌鸦视作不祥之鸟，也有人把乌鸦誉为神鸟。相传努尔哈赤受明兵追杀，藏身于树洞，一群鸦鹊飞来，掩护罕王脱险，故有鸦鹊救主之说。因此，满人会在院中放上粮食和肉食，供乌鸦、喜鹊食用。民间传说自然不可尽信，乌鸦只是一种鸟，哪里会真的给人带来灾祸。

“天下乌鸦一般黑”是我们常听到的俗语，它含贬义，字面意思指无论在哪儿，乌鸦这类鸟都一样是乌黑的。实际上并非如此。我国约有9种鸦属鸟类，其中大部分的羽色看上去的确都以黑色为主，但以达乌里寒鸦为代表的鸦属鸟类，整体为黑白两色。况且，鸟的羽毛为结构色，在不同光线下，表现出的颜色会有差异，乌鸦身上也不只是一成不变的黑。如果在晴天近距离细看乌鸦，会发现它们的黑羽上可是流淌着亮闪闪的金属色呢。

乌鸦是一种好奇心很强的鸟，它们很喜欢发亮的物体，甚至会用带亮光的物体装饰自家鸟巢。但有时燃烧的烟头也会被乌鸦捡回巢去，造成火灾隐患，不过与其将之归咎于乌鸦，还不如去声讨是哪位乱丢没掐灭的烟头。小时候，我看过一个侦探故事，大意是讲一位女士丢失了昂贵的戒指，向当地警察寻求帮助，却没有发现任何被人偷走的迹象。最后侦探在周边的乌鸦巢里发现了戒指，原来这“小偷”由于喜欢发光的物体，所以在窗户打开时，潜入室内将戒指“盗走”。这虽然是个故事，但根据乌鸦的秉性，却真的有可能发生。

每年冬季，我国北方一些城市中很容易见到大量乌鸦越冬。它们每天早上从城市的夜宿地飞往郊区“上班”，每天傍晚又从郊区“下班”归来。这些乌鸦为何要一天之内奔波于两地呢？原来，成群的乌鸦白天飞向郊区的农田和垃圾场，这些地方是它们主要的觅食场所，食物充足，减少了取食过程的能量消耗，高智商的乌鸦自然不会错失良机。傍晚，它们飞回城区过夜，据说城市热岛效应可能是原因之一。由于人工发热，建筑物和道路等高蓄热体的存在，以及绿地减少等因素，造成城市气温高于郊区气温，乌鸦在城内住会感觉更暖和。再有，城区也不乏高大的杨树、梧桐等树木，为大群的乌鸦提供了合适的住宿地。

乌鸦食性杂，垃圾、腐肉、鸟蛋和活食，它们通通不会放过。我曾做过有关北京燕及雨燕的调查，有时会发现家燕前几日还在巢中孵卵，过几天再去，却已是燕去巢空。询问后得知，原来乌鸦趁家燕的成鸟离巢觅食，前往家燕巢中，偷吃了它们的卵。当时我愤愤不平，觉得乌鸦

真是“坏鸟”。后来随着对鸟类的认识逐步加深，我渐渐明白这就是所谓的“自然选择”，实在不该用人类的道德评判标准来审视鸟类。

在鸟类世界里，乌鸦的智商是相当高的。我们都听过《乌鸦喝水》的故事：口渴的乌鸦发现一个瓶子里有水，但是水位太低，乌鸦够不到，聪明的它便把周围的石子捡起来丢进瓶子里，使得水位升高，从而成功喝到了水。科学家通过实验发现，乌鸦真的可以在一定程度上利用工具。科学家在透明的瓶子里装上一些水，水面上漂浮着乌鸦爱吃的虫子，在不借助工具的情况下它们无法吃到。瓶子周围放置了一些石头，乌鸦很快就衔起石头扔进瓶子里，把水填满，使虫子上升，顺利吃到了虫子。此外，研究人员还发现，乌鸦知道大石头比小石头效果好，甚至当研究者把水换成锯末之后，乌鸦也知道往锯末里扔石头并不能让虫子浮上来。

除了用工具，乌鸦也会借助外力来吃到美食。有人看到乌鸦想吃坚果类食物，但它们的喙并不能将其直接打开，于是乌鸦会把坚果扔到路上，等坚果被汽车压开，再去享用。

瞄准公路，准备扔坚果

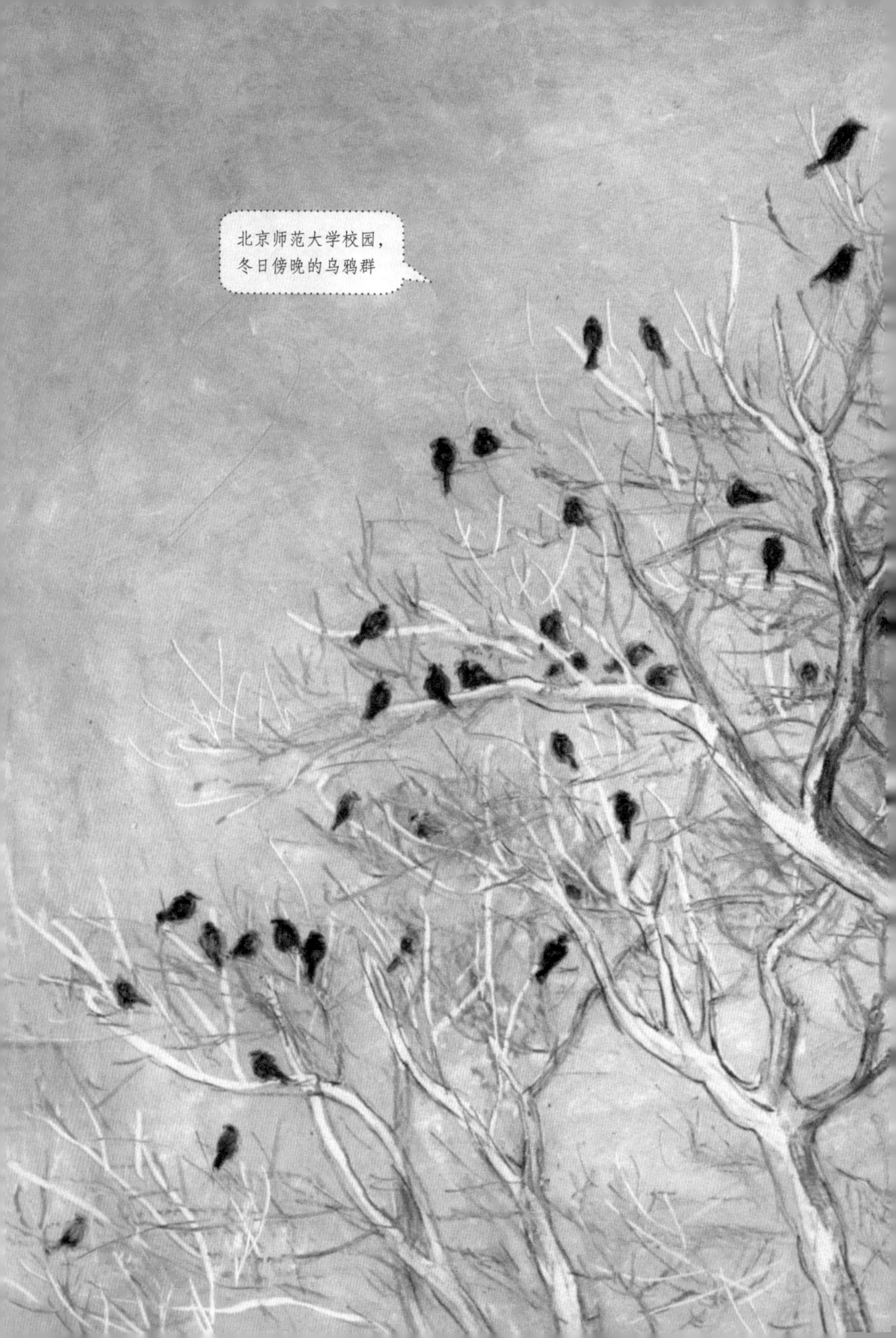
北京师范大学校园，
冬日傍晚的乌鸦群

乌鸦聪明，活泼，宽大的翅膀翱翔在空中，别有一番英姿。乌鸦不是恶魔，也非不祥之鸟，只不过因为习性和人们的联想，背了太久的恶名，是时候去除这些恶名，还它们清白了。

机智如鹭

“两个黄鹂鸣翠柳，一行白鹭上青天。”杜甫这首《绝句》仅用两句，便点染出浣花溪畔春日的生机盎然，历经千年的吟咏传诵，它们早已印刻在我们的心里。每当我看到黄鹂、白鹭之时，脑海中最先浮起的，也常常是这两句。

鹭科的鸟是我国最常见的鸟类之一，不论城市还是郊区，我们在公园里、水库边、溪流旁，总能看到这些不甚惧人的大鸟。它们中的多数种类喜欢在水边活动，长喙、长颈、长腿是它们身份的标志。

其中，白鹭（又名小白鹭）分布广，数量多。它们的身材不算高大，和中等大小的行李箱差不多，步伐却十分灵活。白鹭的捕食策略多样，

有时在水边伏击，静候机会，更多的时候，它们喜欢用双足在水底搅动，惊扰出那些蛰伏不动的猎物，使得猎物在仓皇逃窜中被它们捕到。也许我们会疑惑白鹭为何有一对黄色的“足”，研究发现，这双鲜艳的黄足在水中也相当显眼，搅动时可以更好地惊扰猎物，真可谓是一种适应环境的美妙进化。如果对白鹭不够熟悉，没准儿会把它的捕食行为认作在水中翩翩起舞呢。

鹭科鸟种看起来颜值一般，有时甚至透着些许猥琐的气质，但它们其实十分精明。我在江西观鸟时就曾经看到，白鹭会追随中华秋沙鸭的活动来捕食。中华秋沙鸭喜欢集体潜入水中去捕食鱼类，当白鹭发现中华秋沙鸭来到觅食地附近准备捕食时，它们会悄然跟上，站在沙洲旁等

大白鹭在抚育
后代

着中华秋沙鸭潜入水中。有些小鱼慌不择路地游到岸边，此时白鹭突然出击，就这么轻松地抓到了猎物。

小型鹭科鸟类在条件允许的情况下，更偏爱主动出击觅食，而以苍鹭为主的大型鹭类，则更喜安静地伏击作战。民间俗称苍鹭为“长脖老等”，从名字就可以看出它的捕食策略：这些大家伙时常站立在一个地方一动不动，最长可达数小时之久，直到猎物自己送到嘴边。这种策略的优势是，每天几乎不用花费太多能量，就可以获得足够的补给。

鹭科鸟类适应不同的环境，会充分利用自身的长处。夜鹭较为矮壮，长着一双大眼睛，它们正是凭借这双大眼睛，可以在弱光条件下“工作”。夜晚是它们主要的觅食时间，从而减少了与其他鹭类的竞争，而鱼在夜晚的活动强度降低，浮出水面呼吸时，夜鹭就可以轻松地捕食。

分布于非洲的黑鹭，有着独特的捕鱼方式。鱼虾喜欢在阴凉下的岸边浅水处休息，黑鹭就将翅膀张开，围成伞状，然后把头颈蜷缩在“伞”中，搭成凉棚吸引食物上钩。不多时，一条不明真相的小鱼慢慢游进伏击圈，钻进黑鹭的阴凉之下，等待小鱼的却是最后的闪电一击。

多数鹭科鸟偏爱在水边活动，而少数种类则逐渐向陆地上发展，变得适于捕食昆虫。牛背鹭喜欢在草地和农田活动，主要食物是以蝗虫和蟋蟀为主的直翅目昆虫。它还善于跟踪水牛、黄牛等动物，既可以捕食牛背上的寄生虫，又可以捡食被牛惊扰跳出的昆虫，是共餐式觅食者。牛也不会驱赶它们，因为牛背鹭在捕食的同时还会赶走牛身上的蝇虫，

牛和牛背鹭

长期的合作关系让它们配合默契。牛背鹭这些机会主义者若是遇到农田翻耕，还会成群结队地跟着拖拉机，寻找土地里被翻耕出的昆虫。

随着农场和耕地的面积增加，以牛为主的家畜也越来越多，这让高度适应人工环境的牛背鹭家族快速兴旺起来，它们已遍布除南极洲以外的世界各大洲。

多样的觅食方法，善于利用其他动物的习性，让鹭科鸟类像鸦科鸟类一样，成为鸟类中名副其实的高智商者。

这些聪明的鸟甚至会使用工具。人们曾在不同的地区观察到，绿鹭和美洲绿鹭会使用诱饵捕鱼。它们将人类遗弃的面包渣放入水中后，便在一旁静静守候猎物的光顾。如果附近没有鱼，它们会将水中的诱饵叼起，换个位置继续守株待兔。这种行为类似钓鱼者，不禁令人啧啧称奇。

藏匿在芦苇丛中的大麻鳽

鹭科鸟类也不乏隐身高手，比如整体黄褐色、颈部有棕黄色纵纹的大麻鳽（jiān）。

它若是藏在芦苇丛中一动不动，就很难被发现。大麻鳽在白天活动较少，如果你从它身边走过，它不会立即逃走，反而会将颈部慢慢伸长，此时若有微风徐来，它甚至会跟随芦苇，左右摆动颈部，与芦苇融为一体。我们也见过比较“愣”的个体。一次观鸟时，在大坝上看到一只大麻鳽，它发现我们后没有飞走，而是选择了以往的方式——慢慢伸长脖子，随着微风来回摇摆。但是，这次它忽略了重要的一点，它当时可是站在空旷的大坝上。

公园的荷塘里，总有池鹭的身影；动物园的湖边，夜鹭在树上停歇；小城河道里，白鹭“翩翩起舞”；水库旁，苍鹭一动不动地守株待兔；农田里，牛背鹭跟随在牛群身后，开心地吃着昆虫……总体来说，鹭科鸟的大部分种类都很好地适应了环境。不过，其中偏爱沼泽、河流环境的白腹鹭已经成为了极度濒危的物种，海南鳽、黄嘴白鹭的种群也遭受着栖息地丧失的困扰。面对人类活动带来的威胁，有些物种正顽强地生存下去，有些物种则面临着生死考验。

不羡仙

只羡鸳鸯

不论古今，鸳鸯都是文学艺术作品里最常用的题材之一，它常被描述为爱情之鸟，因而被人们熟知。许多人不知道的是，鸳鸯这种美丽的鸟儿，隶属于雁形目鸭科，通俗点说，它其实是一种羽色亮丽的鸭子。

户外观鸟时，经常会看到有人把一对鸳鸯当作两种鸟，雄鸟称为鸳鸯，雌鸟称为野鸭。这也情有可原，谁让鸳鸯雄鸟与雌鸟的羽色差异如此之大呢。鸳鸯的雄鸟身着一袭华彩，尤其在春季，米白色的宽大眉纹，粉红色的小嘴，配上独特的棕红帆状羽，美得如此高调。雌鸟则一身灰衣，与雄鸟相比，显得丝毫不露声色。

在鸟类世界里，有不少鸟种的雄鸟都要比雌鸟艳丽，这是为什么？

鸳鸯的雌鸟
和雄鸟

动物学家认为，大部分雄鸟比雌鸟羽色亮丽，与鸟类的求偶和繁殖习性有很大关系，这是长期适应环境的结果。漂亮的羽毛和悦耳的歌声一样，是雄鸟吸引雌鸟的杀手锏，当雄鸟具备了鲜艳动人的外表，就有可能赢得更多的“爱人”。对于绝大多数鸟类来说，孵卵和育雏任务主要由雌鸟承担，而雌鸟孵卵时要长时间待在鸟巢里，灰暗的羽毛与周围环境很相似，不容易暴露，有利于保护自己和幼鸟的安全。

反之，以彩鹬为代表的极少数鸟类，雌鸟的羽色比雄鸟更为艳丽。这些雌鸟羽色斑斓，在繁殖中通常由雄鸟来承担孵卵和育雏任务。

春天来临，雄鸳鸯会向中意的雌鸳鸯“求婚”。它在水中竖起头部绚丽的冠羽，伸直颈部，头不时摆动，上演着一曲曲水中舞蹈。

当时间来到夏季，雄鸟完成了交配任务后，就会悄然换上和雌鸟相似的外衣。如果对鸟类不熟悉，看到夏季的鸳鸯雄鸟，或许会很难辨认出它的身份。这种暗淡的羽毛又名蚀羽，是鸭子们和其他少数鸟类的特殊换羽阶段。换上这身羽毛的同时，它们翅膀的羽毛会脱落，为长出新的飞羽做准备，因此在蚀羽阶段，它们几乎是不能飞行的，也只有换上这身低调的装束才能更好地躲避天敌。这个阶段鸳鸯雌雄相似，不过辨别性别也

鸳鸯雄鸟蚀羽之头部特写

并非不可能——粉红色的小嘴就是成年雄鸟身份的象征。

鸳鸯幼鸟出巢

鸳鸯有着独特的繁殖习性。与多数雁鸭类的鸟不同，鸳鸯常繁殖于山地森林水质较好的溪流附近，通常营巢于紧靠水边的树洞中。雌鸟产卵后主要在巢中孵卵，而雄鸟此时通常在隐蔽的地方开始换羽。经过雌鸟大约29天的悉心照顾，长满绒羽的鸳鸯宝宝就会出壳，第二天就可以离巢了。雌鸟先在洞口呼唤宝宝，然后飞出洞外，继续招呼着孩子们去看看外面的世界。洞中的宝宝一边回应着妈妈，一边爬到洞口，排着队一个一个跳到树下的草地上，跟随着妈妈跑到水中，一同去面对新的精彩，迎接新的挑战。

鸳鸯是文化之鸟，我国古代的文学作品中，就经常出现它的身影。“鸳鸯”两个字如今是以合成词的形式指代这个物种，而这两个字在古代是独立的，古文中的“鸳”指的是鸳鸯的雄鸟，“鸯”则指雌鸟。唐代诗人卢照邻用“只羡鸳鸯不羡仙”比喻恋人相伴相爱，后世文人多仿作，鸳鸯遂成为不离不弃、终身相守的爱情的象征。不过通过现代科学的观察研究发现，鸳鸯并不是终身配偶制。古人错认鸳鸯是忠贞不渝的爱情之鸟来寄托情怀，也是受限于时代的一种美好错误吧。

鸳鸯也是自然之鸟，它是环境的指示物种之一。鸳鸯多繁殖于山地森林的河流、小溪附近，有鸳鸯繁殖的水域，往往说明水质条件较好。鸳鸯以水草、虾、昆虫为食，若是水质较差的环境，缺乏满足它们觅食繁殖的条件，自然就很难有鸳鸯光顾。

近年来，随着气候和环境的变化，鸳鸯在很多地方的生存状态也发生了改变。20余年前，鸳鸯在北京地区属于罕见旅鸟，然而近几年人们逐渐发现，在北京繁殖的野生鸳鸯越来越多，夏季城区中的圆明园、紫竹院公园、北京大学等地，都能看见鸳鸯游曳。若是来到郊区，怀柔、密云、延庆的山涧溪流附近，也有很高的概率看到它们。冬季有些个体更是在北京集小群越冬，这在过去都是极其罕见的。

也许由于气候变化，由于关注鸟类的人越来越多，我们会发现更多的变化和惊喜。愿鸳鸯这种美丽的鸟，继续在我们身边繁衍生息，也为我们在自然中的旅行带来更多色彩。

鸟中渔夫

鱼制成的美味食物，令人食指大动，但捕起鱼来，人类总要借助各种各样的工具才能成功。以鱼类为食的鸟类却不然，它们自备工具，是天生的捕鱼能手，本领之高超，如同专业渔夫。

最著名的“渔夫”要数鸬鹚，它的身体构造完全是为了捕食鱼类而进化来的：身体呈流线型，能够最大限度地减少水中阻力；一双脚蹼宽大且强健，可产生强大的后推力；眼睛的晶状体具有高度的可调节性，有助于提高水下视力；脖颈长而柔韧，扩大了它们在水中的捕食范围；前端带钩的长喙一旦抓住鱼类，极少有鱼能逃出生天；喉部两侧可以大幅扩展，使鸬鹚吞得下较大的猎物。再加上鸬鹚的多数种类还会团队作

今儿抓个大鱼

战，水中游鱼若是遇到它们，只能自认倒霉了。

我国共有5种鸬鹚，其中普通鸬鹚分布广、数量多，小学课本里《鸬鹚》一文的主角就是它。在民间，普通鸬鹚又名鱼鹰，利用驯化的普通鸬鹚捕捉鱼类，是我国传统捕鱼的重要方式之一。渔夫站在船上，数只鸬鹚立于船舷一端，好似列队的士兵。渔人来到合适的位置，发出指令，鸬鹚们便拍着翅膀从船舷跃入水里去追寻猎物。不多时，鸬鹚们钻出水面，重新游回到渔船，渔人抓住它们的脖子，把吞进喉囊的鱼挤出来，捕鱼结束后，渔夫再从舱里拣些小鱼，抛给鸬鹚吃。现如今，用鸬鹚捕鱼早已不是高效适当的方式，因而变成了某些旅游景区的表演节目来吸引游客。

有一种正式名称为鹗的猛禽也被人们叫作鱼鹰。我想，比起鸬鹚，称鹗为鱼鹰是更恰当的。这种隼形目的猛禽被单独列为一科，它是世界上唯一一种可以将身体全部扎入水中来捕食鱼类的猛禽，鱼鹰这个称号，可谓实至名归。

鹗广泛分布于世界各地，在湖泊、河流、水库都可能看到它的身影。鹗是天生的渔夫，捕食成功率在八成左右，一般仅2—3小时的觅食就可以满足一天所需的能量。

鹗通常会在高空巡视水域，狭长的翅膀确保了长时间的飞行。它的上体色深，下体色浅，使鱼类向上观望时，很难被察觉到。当发现猎物后，鹗会在上空盘旋，寻觅合适的狩猎机会。它发起攻击的武器不是喙，而是强劲有力的爪。如果鱼在近水面处活动，鹗会快速掠过水面，把锋利弯曲的利爪探入水中，刺进鱼的身体，任凭猎物如何挣扎也无法逃脱。更多的时候，鹗需要完全冲入水中捕食。发现目标后，它会从十几米甚至几十米的半空快速俯冲，临近水面时将双爪置于身体前端，双翅半合扎进水里，伴随水花翻飞，鹗会提着战利品浮出水面，奋力拍动双翅飞入空中。

鹗的羽毛浓密且具有一定的防水效果，这让它在短时间内浸入水中也不会变成落汤鸡。它的脚爪上进化出了粗糙的脚垫，以便抓牢体表光滑的鱼。为了在猎物挣扎下保持身体平衡，鹗会用一只脚爪钳制猎物，空出另一只来保持平衡。飞上天空后，鹗便会改用两只爪子抓住大鱼，同时一脚前一脚后地矫正鱼的姿势，使鱼头朝向前方，尽可能减少飞行的空气阻力。

翠鸟科多数的种类喙部都长而尖，长度约是体长的一半，犹如锋利的匕首。翠鸟的体形不算大，其中最常见的普通翠鸟和麻雀的大小相当，

刚刚完成捕食
的鹗

但它可是个地道的捕鱼高手。普通翠鸟往往喜欢立在水域上方的树枝上静候机会，一旦发现小鱼的踪迹，它便迅速起飞，向着目标，喙部向下，斜插入水中。入水的瞬间，它将翅膀向后转动，同时利用瞬膜保护眼睛，完成捕捉后又飞回枝头。整个捕食过程往往发生在瞬间，也许只是眨眼的工夫，就错过了这电光石火般的狩猎。

准备入水捕鱼的普通翠鸟

翠鸟科还有一类鸟，名唤鱼狗。我国分布有两种鱼狗，其中个子较小的斑鱼狗擅长在空中悬停寻找食物，它们可以在水面上空10余米处扇动翅膀，将自己定在空中。斑鱼狗的眼睛里，聚集着大量的感光视锥细胞，这让它们能精确计算出水下鱼的距离。

鹭科鸟类亦善捕鱼。白鹭喜欢用双足在水底搅动，猎物受到惊吓仓皇逃窜，这时它“趁鱼之危”，埋头吃个饱。以苍鹭为代表的大型鹭类，则更喜欢伏击作战，它们经常选定一个位置一动不动，最长可达数小时之久，直到猎物自己送到嘴边。绿鹭甚至会利用诱饵捕鱼，它们将人类遗弃的面包渣放入水中，便在一旁静候猎物的光顾。

称得上“渔夫”的并不止上述鸟类，鹈鹕（tí hú）、鸥、潜鸟、鲣（jiān）鸟、秋沙鸭等都是此中高手。在漫长的演化过程中，淡水与海水的水域成为众多鸟类赖以生存的家园，水中鱼虾丰富，自然而然地成为这些鸟类的食物首选。

啄木鸟

——林地医生

咚咚咚，咚咚咚……

小时候，我常在家门口听见敲打树干的声音，偶尔还会看到一只奇怪的鸟围绕树干，自下而上地攀爬着。爷爷告诉我那叫啄木鸟。这是我对啄木鸟最早的印象，它也是我在大学观鸟前，为数不多的可以叫得出名字的鸟。

民间称啄木鸟为“奔嘚儿木”，真是生动形象。留意观察，不难看到啄木鸟在树上啄取昆虫。的确，很多啄木鸟的食谱中昆虫都占有很大比例，某些时期，啄木鸟也偶尔吃植物的果实或种子。

啄木鸟捕食，有时候会直接从树干、树枝上啄取，有时候则需要凿

三趾啄木鸟在奋力
敲击树木

开树木，剥落部分树皮，把喙伸入树皮缝里，再用长长的舌头捉住木头里的昆虫。啄木鸟的舌头是非常特殊且高效的捕食装置，可以伸出喙部很长一段，尖端又有如渔叉一般的倒刺，能轻松地从树木缝隙中把虫子钩出来。

小时候看啄木鸟敲击树木，我曾有过两个疑问，其一是它们经常如此高频率、高强度地击打，难道不会得脑震荡吗？对于这个问题，我很想亲身验证，但鉴于长大后头脑清楚了些，一直没敢贸然尝试。其二是为什么啄木鸟可以垂直于树干，掉不下来呢，难道有特异功能不成？

实际上，啄木鸟的头骨外形和结构具有良好的抗冲击性，有效地防止了啄木鸟因敲击树干而导致脑震荡。第二个问题，则是因为啄木鸟为攀爬树木，进化出了特殊的适应能力。绝大多数啄木鸟是典型的对趾足鸟类，两趾向前，两

啄木鸟坚硬的尾羽用来支撑身体

趾向后，这样的脚爪非常适合在树上攀爬。另外，与其他鸟类相比，啄木鸟的尾羽相当坚硬，攀爬树木时，尾羽能支撑住身体，使它在树上活动自如。

有些时候，我们能听到啄木鸟在短时间内快速敲击树木，同时发出一种频率较高的啄木声，这可不是它们饿极了疯狂地寻找食物。啄木鸟通常生活在林地中，有些种类更是常年栖息在枝繁叶茂的常绿阔叶林里，绿荫浓密的森林并不是一个传递视觉信号的好地方。换句话说，它们看到彼此并非易事。于是，声音成了传递信息的不二选择。因此大部分雄性啄木鸟都会高速击打中空的树干，发出一连串“嗒嗒嗒”的声音来宣示自己的领地，并且吸引配偶。

这种有规律的啄木声与啄木鸟觅食时敲击树干的声音截然不同，每种啄木鸟都有自己固定的频率和发声间隔。有些不同种类啄木鸟的啄木声在人类听来并不好区分，但啄木鸟们却可以很好地识别同类发出的击打声，只对同种的啄木声做出回应，就像频率相同的对讲机才能通话一样。

多数啄木鸟较为惧人，使得我们经常只闻其声，不见其形。更有甚者，当你走近攀在树上的啄木鸟，它有时会机警地横向转到树背后，和你玩起捉迷藏来。

大斑啄木鸟是我国最常见的啄木鸟，我家小区就常年可见。它的体羽有黑、白、红三色，雄鸟头顶是红色的，雌鸟头顶是黑色的。下腹部

至尾下覆羽都是鲜红的，翅膀上有一显著的白色斑块，因而得名“大斑”。大斑啄木鸟俗称“花奔嘚儿木”，这名字把它的外貌和习性描绘得非常形象。

我国还分布着世界上最大的啄木鸟——大灰啄木鸟。它体长足有50厘米，相当于一个20寸电脑的长度，和我国北方冬天常见的小嘴乌鸦大小相似。大灰啄木鸟分布于云南和西藏等少数地区，为罕见鸟，它的个头虽大，但通身灰色的外表却低调不显眼。它颈部细长，若只看头颈部分，会发现有些像蛇。若这大型号的啄木鸟在林子里叫起来，那连续啾啾啾的高叫声，准会引得好奇之人侧起耳朵。

说到叫声，不能不提灰头绿啄木鸟。这灰绿相间的鸟广泛分布于我国，体态显得有点臃肿，其鸣声有些类似人类得意忘形时嘎嘎嘎嘎的笑声。每每听见它的鸣叫，我都忍俊不禁，好像有谁在开怀大笑似的。

我国还有一种长相奇特的啄木鸟，名唤蚁䴕（liè）。鸟如其名，蚂蚁是蚁䴕的最爱，在野外观鸟就有机会看到蚁䴕在地面上贪婪地吃蚂蚁。它的英文名“wryneck”，意为歪脖子鸟，这源于它在巢中的防御行为。当受到天敌威胁时，它会像蛇一样盘起颈部，边左右摇摆边发出嗞嗞的叫声。研究发现，这种模拟蛇的警戒行为的确能有效吓退一些小型掠食者。

栗啄木鸟通体栗红色，上有深色横纹，在我国主要出现于长江以南的中低海拔森林中。和许多啄木鸟一样，栗啄木鸟也喜欢取食蚁类，而

举腹蚁属是其最爱。栗啄木鸟会破坏举腹蚁的巢穴，吃掉它的蛹和幼虫。看起来，它们只是捕食者与被捕食者的关系。然而，栗啄木鸟和举腹蚁之间存在着更为复杂的关系。繁殖季节到来后，栗啄木鸟会在较大的举腹蚁蚁巢上凿洞产卵，一方面利用举腹蚁的化学武器赶走觊觎鸟蛋和幼鸟的捕食者；另一方面，栗啄木鸟的领域行为会保护蚁巢不被其他栗啄木鸟破坏。在这短短的一两个月内，两者和平共处，相安无事。栗啄木鸟和举腹蚁的这种共生关系，是已知啄木鸟中独一无二的现象。

在啄木鸟家族里，有如乌鸦大小的大灰啄木鸟，也有体长不足10厘米的斑姬啄木鸟，有长相奇特会模拟蛇的蚁䴕，还有和蚂蚁有着奇特共

生关系的栗啄木鸟。凭借特化的攀爬技巧及高超的食虫本领，啄木鸟成了林间昆虫的绝命杀手。它们也是环境的指示物种，一片林地的健康程度，从啄木鸟的分布情况就能了解大概。如果多加留意，无须走进深山，就可能在我们身边的小区或是城市公园，循着铿锵有力的啄木声发现它们的身影。

低调的『野鸽子』

每次在暑假带小朋友观鸟，他们总会提到写不完的作业。想想儿时的我，暑假生活似乎和抓蛐蛐儿、养青蛙、数鸽子这些事更紧密些。现在闲暇时走出门，偶尔看到天上的鸽群列阵从头顶飞过，听着鸽哨飞扬，仿佛又回到记忆中美妙的童年。

我们常说的鸽子又称家鸽，它们的祖先多为野生原鸽，直到今天，很多家鸽也依然保留着原鸽诸多体貌特征。家鸽是人类最早驯化的鸟类之一。早在公元前2600年，埃及就有驯养家鸽的记录。我国于公元前也开始有人饲养家鸽，至唐宋时已很盛行。《四朝闻见录》对南宋盛行养鸽的情景做过如下描述："东南之俗，以养鹁鸽为乐，群数十百，希之如

家鸽是不是和我们长得很像?

锦，既而寓金铃于尾，飞而相空，风力振铃。”据说宋高宗赵构尤其好养鸽子，甚至常因放养鸽子而不理朝政。有士人就此题诗：“鹁鸽飞腾绕帝都，暮收朝放费工夫。何如养个南飞雁，沙漠能传二帝书。”讽刺他安逸贪乐，忘记金兵南侵之辱。

经过长期的人工选择和定向培育，家鸽主要有观赏、通信、竟翔、食用等几大作用。家鸽由于良好的记忆力和惊人的导航定向能力，因此常被用于通信传书，尤其是在通信能力较差的时期，遂有家喻户晓的飞鸽传书之说。

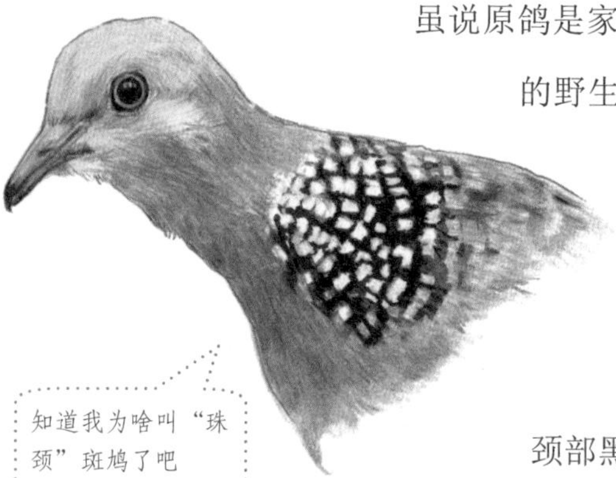

虽说原鸽是家鸽的祖先，但我们身边最常见的野生“鸽子”却是另外一种——珠颈斑鸠。它隶属于鸠鸽科，个体通常较家鸽小，头部偏灰，胸腹部为粉色，背部为棕褐色，最显著的特点是颈部黑底上的白色点斑珍珠状图案。

珠颈斑鸠是我国多数地区的常见留鸟，要说它有多常见，你可以自此时起观察家门口的小区或公园，地面上、楼顶上都有可能发现它。很多大小朋友问过我，常能听到类似咕咕——咕的叫声，那是不是布谷鸟（杜鹃）？如果循着声音找去，这声音多半便是珠颈斑鸠发出的。珠颈斑鸠求偶时，雄性会在地面或空中翩翩起舞，

在地面的舞姿略显滑稽，时常挺着圆滚滚的身躯，伴随低沉的咕咕——咕的叫声，脖子一前一后地鼓动着。在空中飞行求偶时，它们会舒展双翅和尾羽，环绕空中，勉强称得上空中漫步吧。

提起斑鸠，很多人首先想到“鸠占鹊巢”这个成语，以为斑鸠会霸占喜鹊的巢。其实这是一个大误会，可怜的斑鸠莫名背了黑锅。斑鸠在筑巢方面显然称不上能工巧匠，甚至由于巢搭建得过于简单，常有幼鸟从巢中坠落的情况发生，但斑鸠确实没有窃取其他鸟类巢的习性。换个角度说，身材圆胖的斑鸠，如何打得过战斗力极强的喜鹊大哥呢？

多少年来，这莫须有的罪名就安在了一直勤勤恳恳搭着简陋鸟窝，却无愧于心的斑鸠头上。有人认为“鸠占鹊巢”的鸠，可能是一种杜鹃，也就是我们常说的布谷鸟。杜鹃的确有借其他鸟巢产卵的习性，但杜鹃只是“借”，它们会偷偷前往寄主的巢，将巢中原有的一枚卵剔除，再产下一枚自己的。这可谓经典的“借巢生子”，但也谈不上鸠占鹊巢，杜鹃自己可是不去孵卵呢。还有另外一种说法，真正霸占了鹊巢的不是杜鹃，应该是隼，可能是红脚隼或者红隼。我以为这种说法更为妥当，在野外的确发现过红脚隼抢夺喜鹊巢繁殖的案例。

在北方的农田旷野，村落公园，房前屋后，我们还可能看到山斑鸠、灰斑鸠这两种常见的鸟。它们身着褐色或者灰色衣装，低调地生活在我们身边。切莫以为斑鸠都是土色系的鸟类，在我国南方，就生活着10余种彩色的鸠鸽科鸟。它们中的多数身穿明艳的绿色衣装，又有红、橙、黄、亮灰等多样色彩点缀，格外富贵华美。它们大都生活在较为原始的丛林里，城市中很难看到，当我们走进山林，如能偶遇一群绿色“野鸽子”从天上划过，估计便只顾张着嘴愣神欣赏了。假如它们落进浓密的树丛，绿色混入绿色，那就难找了。

美丽的绿翅金鸠

鸠鸽科的鸟是生存最成功的物种之一，它们生活在除了南极洲以外的世界各地，并且具有很强的扩散性，其中不少种类还适应了城市生活。不过数量多并不意味着能得到永久保障，最著名的就要数美洲旅鸽案例了。在18世纪末，美洲旅鸽据估计约有30亿只，是世界鸟类家族中最繁盛的一支。但旅鸽由于肉质合人口味，加上笨笨的习性，因此遭到人类大肆捕杀。到了1900年前后，在100多年的时间里，美洲旅鸽便已野外灭绝。1914年，最后一只美洲旅鸽死于辛辛那提动物园，这种曾经生气蓬勃的鸟类和我们永别了。

鸠鸽科的鸟不论颜色是素雅还是华丽，大多都有着圆滚滚的身材，用蠢萌来形容也颇恰当。我时常听到珠颈斑鸠单调的叫声，却从不觉得惹人烦躁。走到它们身边，我爱驻足观望这些长相低调的“野鸽子”，同时越发觉得身边这些常见鸟，竟有着一种简单又让人心动的美。

鸻鹬
洲际旅行家

记得2011年我第一次去内蒙古观鸟，越野车飞驰在辽阔的草原上。我正欣赏着内蒙古大草原的天高地阔，突然，司机汪大哥一个急刹车，他指着窗外的小河边大声说:“看，河溜！”我听得一阵迷茫，啊，河溜？河溜是个啥？顺着汪大哥手指的方向看过去，原来是一只正在水边散步的林鹬。

在内蒙古观鸟几天，我总是可以听到这个有趣的名字。回北京后翻了资料，发现民间俗称的“河溜”指的多是观鸟人所说的中小型鸻鹬类，也许是因为它们喜欢在河边快步奔走吧。“鸻鹬”二字乍看起来陌生得很，不过“鹬蚌相争”这个成语却是人尽皆知，此中的“鹬”便是本文的主

鸻鹬群飞

角——鸻鹬类。

鸻鹬类泛指生活在水边的一大类涉禽，包括水雉科、反嘴鹬科、鸻科、鹬科等鸟类，我国有80余种。它们多有较长的喙和腿，常以水边的软体动物、昆虫、鱼虾等为食。

鸻鹬若是集群而动，简直铺天盖地。我曾在多个地区见过数以万计的鸻鹬集群，黑压压一片，密密麻麻地铺满了滩涂，像是将黑沙撒在黄纸上一般。此时如果潮水涌上来，它们会一群群地自海边飞向内陆。飞经头顶上空的时候，闭上眼睛，听它们拍打翅膀的声音，便也如同置身于海浪中了。

鸻鹬常成群活动，这样的好处之一是，当群体中的某些个体发现了天敌，会发出告警，赶快逃跑，这种行为会让其他成员也及时发现并躲避危险。鸟类集群逃跑的话，天敌就很难锁定固定的目标，从而增加了存活的概率。我们所见的成群惊飞的鸻鹬，绝大多数都是从众者，它们也不知道自己为什么要飞，可能只因为其他鸟飞了，也就跟着飞。

飞行对于大部分鸟类来说，是一项基本技能。有些鸻鹬甚至把这项基本技能升级到炉火纯青的段位。2007年9月，一只代号为“E7”的雌性斑尾塍鹬创造了鸟类不间断飞行的最长纪录。在8天多的时间里，这只鸟儿连续飞行了11587千米，其间不吃不喝，不停不歇，从美国的阿拉斯加斜跨太平洋飞到新西兰。

斑尾塍鹬体长不足40厘米，有着长而略微上弯的喙部。一般在新西

兰、澳大利亚等地越冬，回到西伯利亚和阿拉斯加等地区繁殖。春季迁徙时期，它们通常连续飞行7—8天，从越冬地飞达我国渤海附近，停息一段时间，待补充体力后，再连续飞行数日直达繁殖地。秋季南迁时，有些斑尾塍鹬会从繁殖地直跨太平洋，一站到达越冬地。斑尾塍鹬的每一次循环约有3万千米，年复一年，按照它们15—20年的生命来算，一生中飞行的路程远超过地球到月球的距离。

这堪称奇迹的迁徙异常艰辛，在此期间，它们要面对复杂的天气变化，天敌的袭扰，甚至是栖息地的破坏。当连续飞行到达目的地后，斑尾塍鹬体内储藏的能量几乎消耗殆尽，此刻要做的就是吃，不停地吃，用不断进食来弥补能量的损耗。但如果栖息地被破坏，无法获得足够的食物，它们再也没有体力去寻找合适的觅食地，那么，等待它们的就只有死亡。

流苏鹬是一种非常有趣的鹬，雌雄的外貌和大小区别都很明显。繁殖期的雄鸟头侧至胸部都有发达的饰羽，我总觉得它有

些像苏格兰牧羊犬。雄鸟之间的羽色差异大，有些饰羽近乎白色，有些近乎黑色，还有些带着棕色花斑的。还有一种雄鸟长相竟和雌鸟类似，当其他雄鸟在一旁争相斗艳、求偶之时，它却凭借着一身低调打扮偷偷接近雌鸟，伺机寻找交配机会。

勺嘴鹬娇小可爱，体长大致和麻雀相当，它嘴巴的样子很特别，瘪瘪的喙尖向外张开，仿佛含着一把勺子似的。勺嘴鹬在俄罗斯东北部繁殖，在我国东南沿海和泰国、缅甸等少数地区越冬，迁徙时期经过我国东部沿海。它们是极度濒危的物种，在全球有661—718只，数量远比大熊猫少得多。

鸻鹬类的鸟多是直嘴，除了勺嘴鹬那萌萌的勺状喙，还有另外一些喙部特化的鸟类。比如黑白两色、颜色素雅的反嘴鹬，它奇特的喙向上弯曲。反嘴鹬数量较多，常在浅水区和泥地上用独特的喙不断在水中左右扫动着，寻找小型甲壳类、水生昆虫和软体动物等小型无脊椎动物。还有杓鹬，多数种类的杓鹬喙部长而下弯，它们喜欢在泥质滩涂或是湿润的草地上觅食，把长且弯曲的喙插入淤泥中，探寻隐藏于地下洞穴里

的甲壳类和蠕形动物。

其实，用“河溜”这个词来概括鸻鹬类的鸟并不恰当，略显狭隘和小气。鸻鹬中的很多种类更喜爱沿海滩涂，虽然总与腥气相伴，同泥沙为伍，鸻鹬却有“洲际行者”的卓越气质，不畏惧南来北往万里之遥，纤细的腿脚也自是铁骨铮铮。

与鹤相伴

当我还未开始观鸟，就曾见过“鹤”。记得初中去怀柔踏青，天上飞过两只灰色的大鸟，家人指着它们告诉我：看，那是鹤。年幼的我看得入神，也没有望远镜来仔细观察，只记得两只灰色大鸟从眼前缓缓飞过，落入附近的水田中，不见了踪迹。观鸟后回想起来，才意识到那不过是两只常见的苍鹭而已。的确，灰鹤和苍鹭长得有些相像，不过鹤似乎有一种高贵典雅的气质，而鹭，不论飞在空中还是落在地上，总爱缩着脖子，哇哇的单调叫声好似乌鸦，总比不上鹤鸣九皋来得悠远。

鹤，是鹤科鸟类的通称。世界上一共有15种鹤，我国分布着9种，是拥有鹤的种类最多的国家。这些美丽优雅的大型涉禽，在中国文化中

地位崇高，特别是丹顶鹤，象征着高雅、长寿、吉祥，故有仙鹤之称。

在绘画中，丹顶鹤常和松画在一起，取名“松鹤长春”“鹤寿松龄”，其中最著名的要数《松鹤延年图》了。松树刚健挺拔，枝干苍然虬劲，缀以满地黄菊，丹顶鹤立于树顶，显得颇为伟岸。此为典型的祝寿图，画中菊、鹤、松皆是长寿延年的吉祥象征。然而，松树与鹤的结合实际上是经过艺术家思维加工的艺术创作——丹顶鹤的后趾小而高，不能与前三趾形成对握，因此无法抓住树枝，不能站在树上。现实中丹顶鹤也不会出现在山野松林，它喜欢在湿地活动，如果在野外看到松树上停歇着灰色的大鸟，那多半是苍鹭。

看起来仙风道骨的丹顶鹤以喙长、颈长、腿长著称，羽色黑白相配，头顶沾红，素雅中又带着一分热烈。丹顶鹤的形象因作为古代一品高官的官服补子装饰，而被称为“一品鸟”，地位仅次于凤凰。在今日，丹顶鹤也是国鸟的候选者之一。

白鹤是我国分布的另一种鹤，它的个头较丹顶鹤为小，站立时通体洁白，仅喙部和前额为鲜红色。这种极度濒危的鸟种，在野外仅有不足4000只，被世界自然保护联盟濒危物种红色名录列入极度濒危（CR）一级，这一级别仅次于野外灭绝（EW）。白鹤98%以上的个体都在江西的鄱阳湖越冬，这片湿地湖泊对白鹤有着极其重要的意义，如果鄱阳湖湿地出现问题，带给白鹤的，将会是沉重的灾难。如此高数量地在同一地区越冬，这也是白鹤被评为极度濒危的原因之一。

丹顶鹤：我才
不站树上

也许你曾听过，武术里有一个叫作白鹤亮翅的招式，此“白鹤”应该和我们如今所说的白鹤是不同的，我也并未见过白鹤做出类似的动作。白鹤亮翅的招式，最早在陈氏太极拳中被称为白鹅亮翅，也许只是因为这个名字不够好听，才改叫白鹤亮翅的。想象一下，高手过招，那方使出青龙出水、猛虎扑食，来得威风凛凛、势如破竹，这边却学白鹅亮翅——只听名字就觉得气势上要略逊一筹了。

世界上最多的鹤是沙丘鹤，全球范围内约有70万只，不过在我国，它应该算是非常罕见的鸟种，仅有少量的迷鸟①记录。我国数量最多的是灰鹤，全球总数约50万只，我国东部保守估计至少有2万只。我在北京

①迷鸟：那些由于天气恶劣或者其他自然原因，偏离自身迁徙路线，出现在本不应该出现的区域的鸟类。

的延庆和密云都曾见过3000只以上的大群灰鹤，有时候一群十几只、几十只地飞来，如灰云舒卷，来去无迹；有时候几百只落在地上，似墨滴在青白的湿地里荡开。

赤颈鹤是我国目前数量最少的鹤，它也是鹤科家族中体形最大的几种之一，直立高度据说可超过1.8米。这种身形颀长的大鸟在我国仅于云南西部和南部有过记录，然而近年一直没有明晰的影像确证，大概是由于它喜好栖息的草地和沼泽环境多被开垦成了农田。

再来说说鹤科中个头最小的蓑羽鹤，它的站立高度仅与书桌相似。在我国内蒙古、东北北部和新疆的草原及半荒漠地带繁殖，秋季迁往印度越冬。别看它个子小，看似纤弱的身体却暗藏着巨大的能量。蓑羽鹤在秋季迁徙途中需飞越珠穆朗玛峰，一路上被稀薄的空气和极端的低温包围着，还要时时注意有没有金雕出没。我每每观看蓑羽鹤迁徙的纪录片，在它们飞

越珠穆朗玛峰的画面前都不禁感叹，山高水长，前方路远，但双翼只是一次又一次挥动着划破风雪，生命坚定的姿态，着实令人动容。

数千年来与鹤为伴，鹤深深地融进了我们的文化。唐代诗人白居易写“共闲作伴无如鹤，与老相宜只有琴”，以表情志高雅；宋代苏辙也有“鹤老身仍健，鸿飞世共看”，以示身心不改其初；梅妻鹤子、鹤立鸡群的典故也流传广远……古人用不同的形式吟咏着鹤，使之固化为我们思维和语言中一枚固定的符号，一种永恒的寄托，成为了高尚情操、美好之物的代名词。我们需要做的还有很多很多，才能让它们高贵冷艳的身姿永远舒展于野外水草丰美的地方，才不至于把鹤所象征的执着与坚守埋葬在古籍之中。

借巢生子的布谷鸟

布谷布谷，布谷布谷。春末夏初，漫步在公园郊外，我们总能听到这简单而富有特点的叫声，这声音的主人便是我们常说的布谷鸟——杜鹃。啼叫着“布谷布谷”的杜鹃属于杜鹃科鸟类的一种，名为四声杜鹃，它们是国内最常被人听到鸣叫的杜鹃之一，也是文学作品中被描述最多的杜鹃。别看它的叫声只由四个简单的音符构成，却在不同的时代被不同身份的人赋予了不同的含义：诗人说“不如归去”，农民说“割麦播谷”，单身人说“光棍好苦”。

杜鹃作为一种意象，在中国古典诗词中常与忧愁悲苦之事联系在一起，四声杜鹃的叫声被诗人描绘成“不如归去”，它的啼叫似乎最容易触动人们的乡愁。李白怅望蜀道，曰：“又闻子规啼夜月，愁空山。”白居易贬居江州，云：“其间旦暮闻何物，杜鹃啼血猿哀鸣。”杜鹃啼血亦是诗人笔下常用的典故。传说古蜀国国君名杜宇,又称望帝，他被臣子逼位，逃于山中，死后忧愤，化为杜鹃，终日悲啼，以致血流嘴角。古时的文人墨客，早已把杜鹃当作一种悲鸟，但凡心中有甚悲痛哀思，往往会想起杜鹃，这杜鹃可真是悲催。

我国农耕历史悠久，人们对布谷鸟有着特殊的情感。民间相传，这“布谷布谷”的叫声是布谷鸟在提醒农民伯伯要播种稻谷，可惜这都是人们主观赋予布谷鸟的“使命”。四声杜鹃不远千里从南方飞过来，才不是提醒人们播种稻谷的，人家是为了来繁殖下一代的。它们被称为农耕助手，实际上只是时间上的巧合而已。

“布谷布谷……
布谷布谷”

尽管布谷鸟颇受农人欢迎，可它在自然界中却是借鸡生蛋的“反面”典型。我国约有20种杜鹃科鸟类，有长相酷似猛禽的鹰鹃，也有羽色极其华美的翠金鹃、紫金鹃，还有外表低调的四声杜鹃和大杜鹃。杜鹃科鸟类有着

独特的繁殖方式，它们从不筑巢养育后代，而是把卵产在其他鸟类的巢中托管，这种行为在生物学上被称为“巢寄生”。以最著名的巢寄生鸟类大杜鹃为例，目前有记载的大杜鹃宿主包括东方大苇莺、棕扇尾莺、三道眉草鹀等100多种鸟。应对不同的宿主，大杜鹃会产下和宿主之卵颜色斑纹相似的卵来混淆是非。

在北方地区，大杜鹃常会选择东方大苇莺作为自己的宿主。大杜鹃的雌鸟会趁东方大苇莺离巢期间偷偷潜入巢中，先吞掉宿主巢中的一枚卵，然后以极快的速度产下一枚自己的卵，使巢中卵的总数保持不变。整个过程不超过10秒，这下蛋的技能简直是神速。

大杜鹃卵的发育速度也比宿主的快，它们的卵总是最先孵化，肉乎乎的幼鸟破壳后便开始“行凶”。眼睛还未睁开，它就费尽力气用后背驮着其他卵，抵着巢边一点点向上移挪身体，把窝里的卵逐一推出巢外。如此一来，它就消除了一切竞争，确保养父养母只一心一意喂养自己。令人难以理解的是，就算悲剧发生时亲鸟还在巢中，也不会干涉杜鹃残害它们的后代。这是源于作为宿主的鸟类的本能——幼鸟孵出后，它们都会视如己出，悉心照顾。

在养父母的辛勤哺育下，大杜鹃幼鸟茁壮成长，用不了几周就长得比养父母还大。个头儿大，需要的食物自然也多，养育一只大杜鹃雏鸟的精力足够亲鸟养活三四只自己的幼鸟。夏季漫步在湿地，有时可见一只胖硕的大杜鹃幼鸟张着血盆大口，不断发出嗞嗞嗞的叫声，朝比它小

羽色亮丽的
翠金鹃

得多的养父养母索要食物。待到秋季，雏鸟羽翼丰满，便会不辞而别，踏上南下越冬的旅程。来年春季，“强盗”们会再次光临，继续借巢生蛋。

难道，宿主面对杜鹃只能束手无策，任凭它们寄生，还除掉自己的后代？当然不是，在漫长的进化过程中，宿主们也学会了不少高招进行防范。杜鹃产卵前，宿主会识别出杜鹃，并对进入领地的潜在巢寄生者进行猛烈攻击，将其驱离。应对杜鹃的巢寄生，最好的策略不是攻击杜鹃，而是识别出自己的卵。部分宿主产卵时，会尽量保证同一窝中的卵颜色相同，同时为了应对杜鹃对自己卵颜色的模拟，它们又增加了不同窝之间卵色的差异。这样，杜鹃的卵色模拟变得困难，宿主们也更容易识别出杜鹃的卵，把它逐出巢外。

每次提到杜鹃的巢寄生，人们总会产生凶狠狡诈之类的印象，而听说了宿主识别出杜鹃的卵又把它踢走后，大家都长舒口气。其实，我们不能用人的道德观念来评判动物的是非，这些看似凶残的行为，只是一种天性使然。就像食草动物吃草，很多人觉得

大杜鹃巢寄生

它们可爱，而食肉动物捕杀猎物，却被人视为残忍，这是由于不了解动物界而产生的判断。在动物的世界里，并没有什么伦理道德，也没有什么三观不正，它们所做的，只是为了生存繁衍而已。大自然的奥妙迷人之处，正在于万物皆有其独特的生存方式，理解了寄生者的生存技巧，也就能多一分客观与尊重，看待这复杂多彩的世界。

燕和雨燕

“小燕子，穿花衣，年年春天来这里……”这首耳熟能详的节奏轻快的儿歌大家都会哼唱上几句。燕子可以说是认知度最高的鸟类了，在诗歌中，它们是春的使者。在现实中，它们中的一部分就生活在我们的房前屋后。本文，我们就来聊聊这些可爱的邻居。

我们最常见的燕有三种，其中最有名的要数家燕了。家燕名字中的“家”字，起得恰如其分，它们喜爱在人类居住地附近活动，繁殖时期，它们也常常在我们的屋檐下筑巢、养育儿女。《小燕子》这首儿歌中的主角就是它。也许你见过家燕，会说，明明它只有黑白两色嘛，哪里穿的一身花衣？下次你可要留心观察，家燕的前额和喉部为栗红色，白净的

身着亮彩花衣服
的家燕

胸腹部上环绕着一圈金属蓝色的颈环，背部和两翼也是闪着金属蓝光，尾羽张开时，次端点缀着白色斑点，你说它是不是身着亮彩的花衣服？

修长的身材，狭长的翅膀，剪刀状的叉尾，加上亲民的习性，让家燕成为了著名的文化之鸟。如果你熟知风筝，那你一定知道，在众多的风筝中，有一种影响最大，也最具代表性，那就是外形酷似“大”字的“沙燕儿”风筝。燕头、剪刀尾，一对大眼睛上眉梢上挑，显得那么俏皮。两翼、胸前、尾羽等处画上蝙蝠、桃子、牡丹等吉祥图案，寓意着幸福、长寿和富贵。

在我们的居住地附近，还有一种长得和家燕相似的燕子——金腰燕。它和家燕同属雀形目燕科，个体大小略大于家燕，翅形较宽，腹部具褐色纵纹。和家燕相比最显著的区别是金腰燕飞行时可见的黄腰。

在民间，家燕被称为“拙燕”，金腰燕被称为“巧燕”，这巧与拙只是民间从燕子做巢的精细程度上分的。家燕的巢呈碗状，侧面粘在墙上，上方开口；金腰燕的巢呈长颈瓶状，上方粘于房顶，侧向开口。从外形的精美程度来看，家燕的巢的确称不上精致，而金腰燕的巢看上去则要显得精美得多，甚至有发现巢连巢的“群居”现象，几对金腰燕把巢连在一处，宛如蜂窝。

这巧与拙只是人的审美评判，从实用的角度来看，拙燕可不一定拙，这全景天窗开放巢，不仅外形简约大气，空气流通好，需要的巢材也少，还是节能环保的典型呢！每种鸟都有自己不同的繁殖生态位，只要适应

了环境，哪有什么巧拙之分。

燕子很常见，但在北京的夏季，有一种“燕”常常聚集在高大的古建筑群上筑巢繁殖，我们叫它北京雨燕或楼燕。之所以叫它北京雨燕，是因为它的模式产地是北京。1870年，英国鸟类学家斯温侯在北京首次采集到这种鸟的标本，将其命名为“北京雨燕”。

说起北京雨燕这种鸟，知名度很低，但说起2008年北京奥运会的五个吉祥物之一的福娃妮妮，那应该是人尽皆知了，北京雨燕就是它的原型之一。

北京雨燕虽然长相和家燕类似，但它属于雨燕目，和雀形目的家燕、金腰燕亲缘关系相距甚远。北京雨燕翅形更为狭长，好似一把镰刀，流线型身材的它们极擅飞行，一生中的多数时间都在不停地飞飞飞，甚至夜晚它们也是在空中度过的。

北京雨燕四趾朝前，爪子勾曲有力，能攀在古建筑物高处的墙壁上。它们的巢筑在屋檐下的椽子、梁和斗拱之间的孔洞中。近几十年间，旧城改造让北京的古建筑相继拆除，仅剩的古建筑大多又被保护起来，加装防护网以防鸟类粪便污染。栖息地的消失让北京雨燕的数量大大减少了。

有着似镰刀状翅膀的北京雨燕

北京雨燕这长相低调的小家伙每年有超过3.8万千米的往返迁徙距离。它们大多于7月中下旬从北京出发，经内蒙古向西北迁飞，从天山北部到达中亚地区，然后向南穿过阿拉伯半岛，于11月上旬到达非洲南部越冬。次年2月它们沿着相似的路线，从非洲起程，历时两到三个月再次来到北京，着实令人感慨。

我小时候夏天常住在琉璃厂，早晚时候，漫天的燕子在古建筑群上飞来飞去。观鸟后才知道，原来当时在我头顶尖叫着划破长空的家

伙们就是大名鼎鼎的北京雨燕。不论是“飞入寻常百姓家”的家燕和金腰燕，还是福娃妮妮的原型北京雨燕，它们不仅是自然界中的灭虫高手，还是传播文化之鸟。希望每年的夏季，都可以看到这些寓意着幸福、吉祥的鸟在我们的房前屋后繁衍生息。

真假麻雀

如果要评出一种鸟是几乎所有人都见过，并且能叫得出名字的，那无疑是麻雀。如此高的知名度，要归功于麻雀的习性，在我国的多数城市、乡村地区，似乎随处都可以看到它们的身影。像麻雀这些喜欢与人类相伴而生的鸟种，我们称其为“伴人鸟”。

那些生活在我们身边的看似普普通通的麻雀，你真的认识它吗？下面我们就来聊聊那些真假麻雀。

我国一共有5种麻雀属鸟类。在我国的多数地区，［树］麻雀占据了绝对的优势，只要有人生活的地区，总能看到它们的身影——头顶棕褐色，白色的脸颊上有一个黑色的斑块。因为过于常见，［树］麻雀总会让

[树]麻雀

人审美疲劳，大家对它们常常不屑一顾。如果你留意仔细观察它们，会发现很多有趣的事。小朋友或老人从［树］麻雀身边经过时，即使距离较近，它们通常也会继续在地面上吃食而不会立即飞走，只是时不时地瞥一眼观察一下是否安全。而壮年人如果从它们身边经过，有时还未走近它们便飞走了。这些叽叽喳喳的麻雀可是鬼精鬼精的呢！

你仔细观察过［树］麻雀在地面的行进方式吗？以麻雀为代表的很多鸟种，它们在地面都是跳着走。很多鸟类都无法像我们人类一样迈着步子前行。这是源于它们的身体构造。简单来说，就是麻雀腿上的肌肉可以让它抓牢树干或者在墙面停留，但是没有能力可以让它双脚轮流迈步行走，这就使麻雀在平地上只能通过快速的跳跃行进。

在我国的新疆地区，另一种麻雀在人类居住环境中也随处可见，它叫家麻雀。雄鸟头顶为蓝灰色，脸颊没有那颗黑“痣”，雌鸟整体为黄褐色。家麻雀和［树］麻雀不同，它们的雄鸟和雌鸟羽色差异很大。下次去新疆旅游时，你可以顺路数数看，城市里是家麻雀多还是［树］麻雀多。

家麻雀的脸部特写

我国的另外三种麻雀属鸟类远不像上述两种那么常见。胸侧有着点点黑斑的黑胸麻雀喜欢生活在新疆的次生林环境，枕侧带棕色的黑顶麻雀更喜欢干旱的沙漠绿洲环境，还有一种棕红色的名为山麻雀，名字起得恰当，它的确很喜欢在山区地带活动。我国的五种麻雀里，[树] 麻雀的雌雄差异较小，其余四种麻雀各自的雌鸟与雄鸟站在一起，绝对像是两种不同的鸟。

认识了我国的五种麻雀，再来说说那些像麻雀的鸟。先来认识一下红色的“麻雀”——普通朱雀。在我国古代的传说中，有四大神兽：青龙、白虎、朱雀、玄武。四大神兽中的朱雀和我们今天说的朱雀，可以说是一点关系都没有，本文中的朱雀指的是雀形目燕雀科的一类鸟，它们中的雄鸟体羽大多为红色，这里的“朱”指的就是红这种颜色而已。普通朱雀是我国分布最广的朱雀，它的体形和嘴形与麻雀较为接近，雄鸟一身正红色，华贵而不艳俗，雌鸟整体为棕褐色，胸部具暗色纵纹。普通朱雀的雌鸟羽色较为暗淡，这家伙可是经常被误认成麻雀的哟。

我国还有一类极似麻雀的鸟——鹀。它们多和麻雀大小相当，一张较厚实的嘴主要以谷物为食。它们中的有些种类，就连入门级的观鸟爱好者也时常将其误认成麻雀。在鹀科鸟类中，有一种极为罕见的“麻雀”——栗斑腹鹀。我之前在写栗斑腹鹀的科普文时，文章下的很多回复是这样的：“这鸟我家周边就有啊！”“这不就是麻雀嘛！”“有啥罕见的，骗人。”对此我表示非常理解。这家伙长得太像麻雀了，以致数量早已下降到濒危的程度，却也很难引起人们的重视。栗斑腹鹀，历史上曾广泛分布于西伯利亚东南部、朝鲜、蒙古以及我国的东北、华北地区。20世纪60年代，它曾经为我国地方性较常见鸟类，却在短短的三四十年间，数量锐减，濒临灭绝。根据近年来的调查，估算栗斑腹鹀的总数可能仅剩350—1500只。从地方性常见到濒危，它的种群数量下降速度甚快。说它是世界最稀有的“麻雀”之一，绝不为过。

观鸟前，看到所有的小型鸟类觉得都是麻雀。刚刚开始观鸟时，知道有很多长相酷似麻雀的小鸟，但由于对它们不甚熟悉，看到［树］麻雀时也会迟疑：这鸟是麻雀吗？从不认识到自以为熟悉再到熟悉，也许这就是认知的过程吧。

我们身边就有着许多的野生鸟类，“生活中不是缺少美，而是缺少发现美的眼睛”。观鸟后才知道，原来那些美丽的鸟类，很多就生活在我

最珍稀的“麻雀”——栗斑腹鹀

们身边，只不过都被我们当成麻雀、喜鹊忽略了。观鸟后，我一度对麻雀毫无兴趣，慢慢地才发现，就算是麻雀这种常见鸟，仔细观察也会发现很多有趣的行为。从身边开始观鸟，从认识麻雀开始学会观鸟，也许，这就是观鸟的乐趣吧。

『鸦雀』无声？

“鸦雀无声”这个成语相信大家都很熟悉，意思是环境非常安静，连乌鸦和麻雀的声音都听不到。不过本文中的“鸦雀”非乌鸦和麻雀，而是特指一类鸟。这类鸟和“鸦雀无声”这个成语没有任何关系。

世界上约有25种鸦雀，我国分布着19种，三趾鸦雀、暗色鸦雀、灰冠鸦雀、白眶鸦雀等种类还是我国特有的。它们都长着一副萌相，圆圆的头，厚厚的嘴，从外形上你几乎看不出它有脖子。大多数鸦雀都是小个子，体长通常在12—20厘米之间，唯有红嘴鸦雀例外——它体长约30厘米，是小型鸦雀的两倍还多，只比灰喜鹊稍小一圈，这可是鸦雀家族中的“巨无霸”，嘴部也要比其他鸦雀更长。

棕头鸦雀是我国分布最广的一种鸦雀，北至黑龙江，南至云南、广西以及我国东部多数地区都有它的踪迹。同时，它也是我国数量最多，且最容易看到的鸦雀，灌木丛、芦苇丛、竹林中都能看见它们活泼地蹿来蹿去。棕头鸦雀羽色多棕褐，身材椭圆，因而被老百姓们俗称为“驴粪球儿”。

在我国，大多鸦雀更喜欢灌丛或竹丛的生境，有一种鸦雀却例外，它主要生活在沿海地区的芦苇丛里，这就是震旦鸦雀。它常常利用一双有力的脚爪牢牢钩住芦苇秆，从下而上攀爬于芦苇中，寻找芦苇里的昆虫。一旦发现虫子，它便用坚硬的喙嗑开芦苇秆，把隐藏其中的虫揪出来吃掉，因此也被称为“芦苇中的啄木鸟”。

“震旦鸦雀”这个名字听上去有点奇怪——我刚刚开始观鸟的时候，身边有位鸟友总是念叨着想看“震荡鸦雀”，令我困惑了许久。为什么要叫“震荡鸦雀”？难不成这鸟有多动症？后来才知道，只是我这位朋友发音不清楚而已……那么，“震旦”两个字到底是什么意思呢？原来在古印度，华夏大地就被称为“震旦”。想不到小小的鸦雀，肩负着如此厚重的名字，不愧为我国特有种类。

在鸦雀家族里，震旦鸦雀算是中等体形，体长约19厘米。它整体呈棕黄色，背部具黑色纵纹，腹部基本没有斑纹，不同部位的尾羽分别由黄褐色、黑色、白色构成。它最鲜明的特征是圆圆的灰色头上亮黄色的嘴，以及延伸至枕部的一双黑色眉纹。别看它们长得呆呆萌萌，战斗力却不可小觑，这可苦了那些研究它的人。要研究鸟类，研究人员需要给它们做环志——抓住一只鸟，给它的跗跖套上金属环，用于个体的区分。这可不是一件轻松的事情，一不留意就会被它们咬，或者说被它们拧。但被咬也分程度，比如普通翠鸟的嘴虽然长，但它们力量不大，长嘴偶尔夹住你，就像被筷子轻轻夹了夹，没有太多疼痛感。震旦鸦雀可不一样，鸦雀们的嘴都厚实，咬人自然不在话下，如果被咬到指尖缝这种地方，再狠狠拧上一拧……啧啧，十指连心，想着都疼哪。

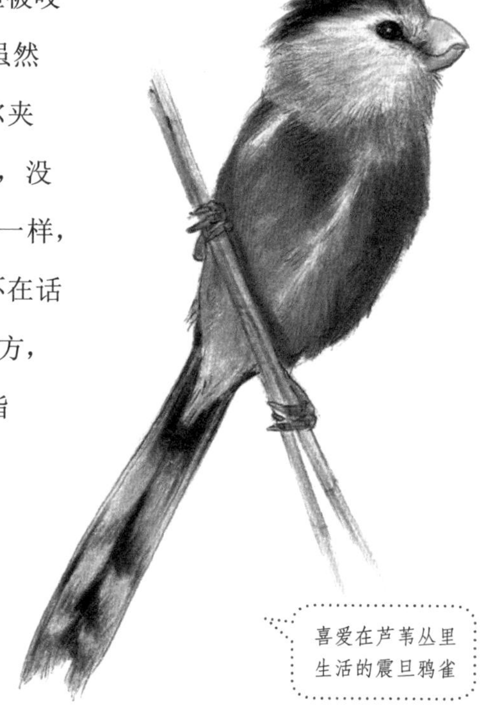

喜爱在芦苇丛里生活的震旦鸦雀

震旦鸦雀对环境的要求比较高，它喜欢栖息于较为原始的芦苇荡。城市逐渐扩张的同时，全球

性近危的震旦鸦雀所钟爱的芦苇荡越来越少，想再一睹苇丛中震旦鸦雀的身影，也并非易事了。

鸦雀们在民间的知名度甚低，它们没有鹰的张狂霸气，没有鸳鸯的华美羽饰，和乌鸦、喜鹊相比，它们也没有聪慧的头脑。不过，下次去城区公园或者野外山林的时候，注意听听路旁的杂树灌丛里有没有啾啾喳喳的私语。循声找去，说不定就能看到一小群鸦雀在一块儿觅食、嬉戏。这些小家伙虽然低调，可也是“有声”之鸟呢。

鸟之『家』

倦鸟归林，是文学作品常用到的意象，我们往往认为，鸟类每天晚上要飞回巢休息，这鸟巢就是它的家。其实不然。鸟巢对于绝大多数鸟类而言，只是它们在繁殖期内为了容纳鸟卵和养育幼鸟而搭建的临时建筑。待幼鸟羽翼丰满飞离鸟巢时，多数鸟会舍弃鸟巢，等到来年繁殖时再重新搭建。

鸟类为什么要在繁殖期搭建鸟巢呢？

首先，是为了容纳鸟卵和雏鸟。鸟巢使鸟卵聚集在一起，便于同时接受亲鸟的孵化。对于晚成鸟来说，雏鸟出壳后还需留在巢中一段时间，接受亲鸟的养育。

然后是保温。鸟巢通常由树枝、干草、植物纤维、羽毛等材料编织而成，具有很好的隔热和保温作用，有利于卵的正常孵化和雏鸟的健康成长。

鸟巢还有重要的保护作用。鸟类在繁殖期间极易受到伤害，鸟巢对亲鸟、鸟卵、雏鸟都有一定的保护作用。有些鸟将巢筑在天敌难于接近的悬崖峭壁，有些鸟把自己的巢伪装得和周围环境一模一样，不易被天敌发现，还有一些鸟结群做巢，一旦敌害接近，就群起而攻之。

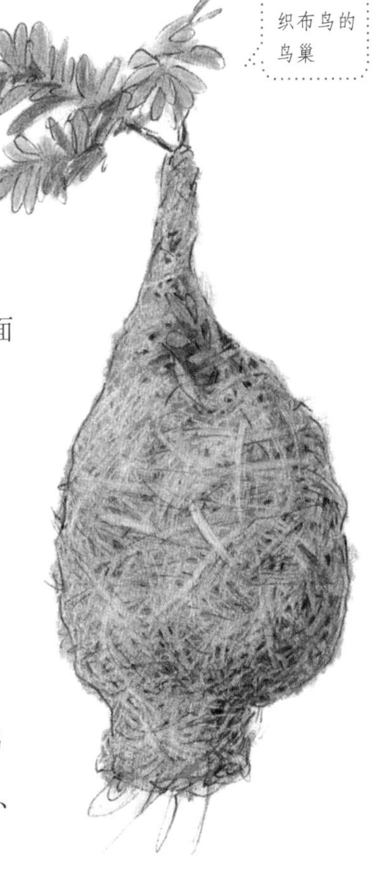

织布鸟的鸟巢

在鸟类家族中，每一种鸟的巢都不尽相同。根据鸟巢所处的位置和结构特点，可以把鸟巢分为几种类型：地面巢、水面浮巢、编织巢、洞巢和其他特殊形式的鸟巢。地面巢一般比较简单，很多雉类、燕鸥、鸨（bǎo）的巢，都是鸟直接利用地面凹坑，或者简单的树枝、羽毛构建的。利用地面巢的鸟卵，颜色、斑点多和周边环境极为相似，不易被天敌发现。鸊鷉、骨顶鸡和一些雁鸭类的鸟多采用水面浮巢，这些巢由芦苇、菖蒲和水草构成，会随水位升降。戴胜、啄木鸟、猫头鹰（鸮）则主要在树洞里筑巢。鸳鸯虽逐水而居，却也在树洞中繁殖，鸳鸯宝宝出生后，都以“跳崖”开启新篇章。编织巢的住户以攀雀、织布鸟为代表，它们会利用植物纤维把家装饰得美轮美奂，犹如一件件精巧的艺术品。

鸟为了守卫自己的家，演化出了不同方法。民间流传着的俗语，有一句甚为有趣：“虎不拉（红尾伯劳）是黎鸡（黑卷尾）的小舅子。”乍一听这句话，你肯定觉得不知所云。为什么这样描述红尾伯劳与黑卷尾的关系？原来，在它们的繁殖期内，这两种本是雀形目小霸王的鸟，却能够和平共处。当天敌出现时，红尾伯劳和黑卷尾甚至会共同护巢，协同作战，这才使人们对其关系有了如此比喻。当然，它俩没有任何亲戚关系，究其原因，这是两种鸟为了保护各自的巢和幼鸟而做出的一种适应。

除了联合起来共同抗敌，还有另一种生物学现象更为神奇——鸟鼠同穴。早在两千多年前，古人就对这种行为有过记载。有人说：“鸟鼠共为雌雄，同穴而处。”这当然不是真的，那么真的有鸟鼠同穴的情况吗？如果有，又源自何因呢？

研究发现，自然界的确存在鸟鼠同穴的现象。在我国西部的青藏高原地区，年均气温低，植物种类稀少，自然条件恶劣。在此栖息的雪雀、地山雀、角百灵等鸟类就经常栖息于鼠兔、黄鼠等啮齿动物的洞穴之内，鸟鼠同住一穴，彼此和睦共处。这些荒漠草原的代表性鸟类习惯将巢筑在距离鼠类洞口一米左右的位置，鼠类在深处筑穴，鸟在门口站岗放哨。

鼠类白天视力较差，鸟一旦发现危险，会用叫声预警，通知鼠类逃回洞穴。鸟有时甚至会啄食鼠类身上的寄生虫。鸟找到了家，鼠类找到了门卫和清洁工，这就让两者形成了一种奇妙的互利共生关系。

鸟巢是繁衍后代的场所，很多鸟类对自己的巢都有强烈的护卫心。在繁殖期，有时候你会看到平时捕杀野鸭的猛禽，反而被野鸭追得慌忙逃窜；平日里惧怕人类的长尾林鸮，当人接近鸟巢时，会义无反顾地主动袭击人；当你临近鸟巢，有些鸟会假装受伤，一只翅膀耷拉在地上，一瘸一拐地引诱你远离鸟巢……关于鸟巢，还有诸多有趣的、感人的故事等待着大家去发现。

在鸟类的繁殖季节，如果看到有幼鸟掉落在地面，最好的办法是把它们放回鸟巢或者周边的树上。好心抱回家，我们是很难养活幼鸟的，更何况被人养大的鸟类，无法学会生存技能，长大了也会被自然界淘汰。

致　谢

历时一年多的时间，本书最终完稿。在本书的撰写过程中，我得到了许多亲朋好友、老师的帮助，没有他们的关怀和帮忙，本书不可能付梓。在此，我向各位表达我最诚挚的谢意！

首先，感谢赵欣如老师。正是赵欣如老师在2009年秋季于北京师范大学开设的“中国观鸟”学院路校际选修课，带我走上观鸟这条路。自我正式开始户外观鸟后，赵老师对我一直严格要求，特别是指导我在观鸟时，要时刻保持客观、严谨的科学态度。这让我在后来的鸟类观察、鸟类调查工作中受益匪浅。对于本书，感谢赵欣如老师作为专家顾问，在鸟类专业上对书中内容进行把关并提出修改意见。

其次，本书撰写离不开众多鸟友的指点和帮助，感谢程文达、费艳夏、关雪燕、黄瀚晨、贾亦飞、慕童、沈岩、王瑞卿、叶元兴、张肖、钟悦陶、朱雷等老师和朋友为本书提供的素材及修改建议。感谢杨小婷老师手绘的精彩图片，感谢郑秋旸女士对本书图片部分的审核，使书籍中的图片部分更具科学性。特别感谢郭潇滢女士对本书文字部分的审核和修改，文章的可读性因此有了很大提升。

关翔宇

2018年5月

关翔宇

果壳网科普作家，北京观鸟会常务理事，中国青年观鸟联合会顾问，西南山地签约摄影师，北京野鸭湖高校观鸟赛、大连国际观鸟赛评委。常年受邀《中国国家地理》《博物》杂志、北京大学、北京自然博物馆、商务印书馆等院校及社会组织进行观鸟讲座和室外观鸟活动指导。《中国鸟类图鉴》副主编、主要文字及图片作者。

杨小婷

毕业于意大利博洛尼亚美术学院出版插图专业。主要插图作品有《神奇的柜子》《纯美童话》等，图画书作品《小狐狸的旅行》获第二届“青铜葵花图画书奖”金奖。版画手工书《生长》先后参加了意大利博洛尼亚Pagina d'Arte 艺术书籍展和L'orto Potanico 植物插图展。